KB269288

하버가 들려주는 화학 산업 이야기

# 하버가 들려주는 화학 산업 이야기

ⓒ 신현철, 2011

초판 1쇄 발행일 | 2011년 7월 20일
초판 9쇄 발행일 | 2023년 7월 1일

지은이 | 신현철
펴낸이 | 정은영
펴낸곳 | (주)자음과모음

출판등록 | 2001년 11월 28일 제2001－000259호
주    소 | 10881 경기도 파주시 회동길 325－20
전    화 | 편집부 (02)324－2347, 경영지원부 (02)325－6047
팩    스 | 편집부 (02)324－2348, 경영지원부 (02)2648－1311
e－mail  | jamoteen@jamobook.com

ISBN 978－89－544－2225－3 (44400)

• 잘못된 책은 교환해 드립니다.

하버가 들려주는

# 화학 산업 이야기

| 신현철 지음 |

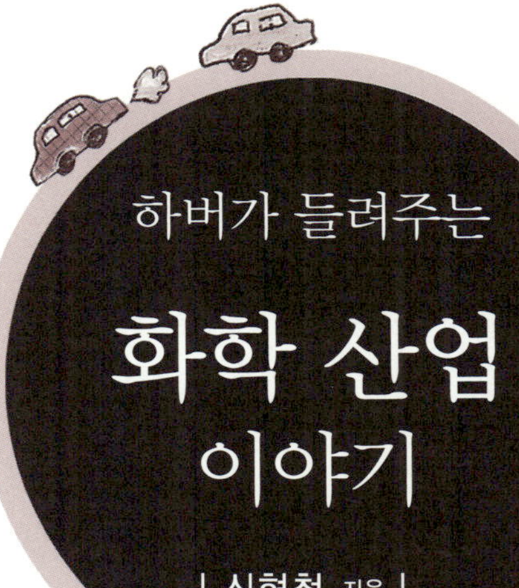

㈜자음과모음

# 미래 화학 산업을 이끌어 갈 청소년을 위한
# 하버의 '화학 산업' 이야기

화학은 과학 중에서도 우리의 생활과 가장 밀접한 분야입니다. 아침에 눈을 뜰 때부터 잠들 때까지, 머리부터 발끝까지 화학과의 만남은 끝이 없습니다. 일례로 오늘 아침에 잠자리에서 일어난 후의 일을 생각해 볼까요?

나일론 섬유로 된 칫솔에 플루오린이나 자일리톨 등이 함유된 치약을 묻혀 양치를 하고 비누와 샴푸 등을 이용해 몸을 씻습니다. 수많은 종류의 화합물이 복잡하게 섞여 있는 로션을 얼굴과 몸에 바르고, 미리 세탁해 놓은 옷을 입습니다. 합성 섬유 몇 %라는 표시가 붙어 있는 옷에서 향긋한 세제 냄새를 맡습니다. 그리고 식탁에 온 식구가 둘러앉아 찌개와 각종 반찬을 곁들여 식사를 합니다.

오늘 아침에 우리는 몇 가지 화학제품을 사용했을까요? 선뜻 대답하기 어려울 것입니다. 왜냐하면 일상생활에서 우리는 의식하지 못하는 사이에 수많은 종류의 화학제품을 사용하고 있기 때문이지요.

화학이 우리 생활에 아주 밀접해진 이유는 이러한 화학제품을 만들어 공급하는 산업이 그만큼 발달했기 때문입니다. 다시 말해 우리에게 유용한 화합물들이 산업을 통해 대량 생산되고, 모두의 생활 가운데에서 매우 유용하게 쓰이고 있는 것이지요.

우리의 주변에 있는 화학은 너무 많고 풍부하기 때문에 그 존재를 잊고 지내기 쉽습니다. 하지만 유익하기만 한 줄 알았던 화학이 때로는 사람에게 피해를 주는 일도 많습니다.

이 책에서 하버는 인류에 대한 공헌과 악영향이라는 양쪽의 측면을 잘 설명했습니다. 하버의 이야기를 통하여 화학 산업이 우리의 생활을 얼마나 윤택하게 할 수 있는지, 또 얼마나 나쁜 영향을 줄 수도 있는지 함께 알게 될 것입니다. 아울러 여러분 스스로 화학 산업을 더 유용하고 이롭게 발전시킬 수 있는 방법을 생각해 보길 소망합니다.

신 현 철

# 차례

1

# 질소는 어떤 기체인가?

우리 몸을 구성하는 질소 원자는 어디에서 얻을까요?
질소 기체는 어떤 성질을 가지고 있을까요?

# 1

첫 번째 수업

## 질소는 어떤 기체인가?

| 교. | 초등 과학 3-2 | 1. 액체와 기체의 부피 |
| --- | --- | --- |
| 과. | 초등 과학 4-2 | 1. 식물의 세계 |
| 연. | 초등 과학 5-1 | 4. 작은 생물의 세계 |
| 계. | 중등 과학 3 | 3. 물질의 구성 |
| | 고등 화학 Ⅰ | 2. 화학과 인간 |

# 하버가 밝은 표정으로 자신을 소개하며 첫 번째 수업을 시작했다.

여러분, 안녕하세요? 만나게 되어 반갑습니다. 나는 독일의 화학자 하버(Fritz Haber, 1868~1934)입니다. 내가 많이 긴장한 것 같다고요? 네, 맞습니다. 지금 난 매우 긴장 또는 흥분한 상태랍니다. 걱정 반, 설렘 반이라고 하면 내 기분이 이해가 될까요? 사실 난 여러분과 만나는 이 자리에 나오는 것을 조금 망설였습니다. 왜냐하면 나는 사람들 앞에 나서는 것을 그리 좋아하지 않기 때문이지요. 하지만 너무 걱정하지 마세요. 여러분의 모습을 보니 긴장감이 조금씩 풀어지고 있으니 말이에요.

내 소개를 마저 해야겠군요. 좀 전에도 이야기했지만 나는 독일 사람이고, 혈통은 유태인입니다. 내가 쓰고 있는 동그란 안경이 참 인상적이지 않나요? 예전에는 이렇게 동그란 코걸이 안경과 콧수염이 학자나 정치가들 사이에서 굉장한 유행이었지요. 지금은 멋져 보이기 위해 일부러 크고 동그란 안경을 쓰거나 콧수염을 기르기도 하지요? 본의 아니게 내가 유행을 한참 앞서가게 되었군요, 하하하.

여러분 중에 나에 대해 미리 조사해 온 사람이 있다면 아마 나를 좋지 않게 생각할 수도 있을 겁니다. 그래서 나를 괴팍하고 못된 사람으로 생각하는 학생도 있을 거예요. 난 좀 무뚝뚝하고 고집이 세긴 하지만 천성이 못된 사람은 아니랍니다. 하긴 내 까다로운 성격 때문에 가족과 친구들이 날 그리 좋아하지 않았던 것은 사실이지요. 하지만 나도 음악을 듣고, 햇살이 좋은 여름날엔 아이들과 물놀이하는 것도 좋아하는 평범한 아빠랍니다. 노래 부르는 것도 좋아하고요. 특히 독일 민요 부르는 것을 아주 좋아하지요.

겉으로 보이는 내 모습이 물놀이나 노래와는 거리가 멀다는 것을 잘 알고 있습니다. 마치 법조인이나 군인 같은 이미지가 더 강하지요. 그런데 난 패션 리더도, 법조인도, 군인도 아닙니다. 나는 화학자입니다. 어떤 사람들은 날 역사상 가

장 성공적인 화학자 중의 한 사람으로 꼽기도 한답니다. 그
래서 나의 이름을 딴 '하버-프랑크 게젤샤프트'라는 긴 이름
의 연구소가 독일에 있고, 이스라엘에도 '하버 분자 연구소'
라는 연구소가 있답니다. 나에게 이런 과분한 명예를 준 후
배 과학자들에게 난 항상 감사의 마음을 잊지 않으려고 노력
하지요. 여러분도 누군가에게 도움을 받거나 감사할 일이 생
긴다면 그 일을 잊지 말고 마음속 깊이 간직해야 한답니다.
　나의 이름을 딴 연구소가 생긴 데는 다 이유가 있겠지요?
나는 그 이유를 내가 연구한 암모니아($NH_3$) 합성법이 오늘날
까지 전 세계 사람들에게 유익하게 이용되고 있기 때문이라

고 생각하고 있습니다.

나의 암모니아 연구에 대해 이야기를 해 볼게요. 내가 한창 활동하던 때는 지금과 같은 평화로운 시대가 아니었습니다. 자존심 강하기로 소문난 독일 사람들에게는 특히 힘든 시기가 많았지요. 내가 살던 유럽에는 극심한 전쟁과 경제난으로 어려움이 많았어요. 그뿐인가요? 힘센 나라들의 식민지 쟁탈전으로 전 세계 어디든 조용한 곳이 없었지요. 지금처럼 세계 많은 나라들이 서로 도우며 평화롭게 지내는 시대라면 난 오직 화학 연구에만 일생을 바칠 수 있었을 겁니다.

그리고 여러분도 날 괴팍하고 못된 사람이 아닌 위대하고 인자한 사람으로 기억하겠지요. 아, 이런! 내 소개를 한다는

게 어쩐지 하소연이 돼 버린 것 같군요. 자, 그럼 지난 이야기는 이쯤에서 덮어 두고 내가 화학 연구를 하면서 가장 관심이 많았던 암모니아에 관해 이야기하겠습니다.

## 질소와 암모니아

암모니아에 대해 알아보기 전에 우리 주위에서 없어서는 안 될 공기에 대해서 살펴볼게요. 우리가 호흡할 때 반드시 필요한 공기 중에 가장 많은 비중을 차지하는 기체가 무엇인가요?

__ 질소입니다.

네, 잘 대답했습니다. 기체에 대한 기초 지식이 아주 잘 닦여 있군요. 질소($N_2$)는 자그마치 지구를 둘러싼 공기 부피의 약 78%를 차지합니다. 공기뿐만 아니라 우리 몸속에도 많은 양의 질소 분자가 들어 있습니다. 수많은 세포들 안에서도 핵, 그중에서도 핵산이라 불리는 분자 안에 많은 양의 질소가 들어 있지요.

또한 우리의 몸을 이루고 있는 단백질이 만들어질 때도 많은 질소가 필요하답니다. 이렇게 많은 질소 원자($N$)를 어디

서 얻을까요?

＿ 공기 중에 질소가 아주 많으니까 공기 중에서 얻을 것 같아요.

아마 다들 그렇게 생각할 거예요. 여러분의 생각대로 숨을 쉴 때마다 공기 중에 남아도는 질소를 몸 안으로 받아들여서 사용할 수 있으면 참 좋겠지요? 하하하, 좋은 방법이긴 하지만 가능한 방법은 아닙니다.

공기 중에 떠돌아다니는 질소 기체를 우리 몸속에서 이용할 수 없는 이유는 질소 기체를 이루는 질소 분자의 성질 때문입니다. 공기 중에 있는 질소 분자는 두 개의 질소 원자로 이루어져 있습니다. 하지만 우리 몸속에서는 질소 원자에 수소나 산소 같은 다른 원자들이 결합하여 질소 화합물 형태로 존재합니다. 다시 말해, 공기 중에서는 두 개의 질소 원자끼리 붙어 있고, 몸 안에서는 질소 원자가 다른 원자와 붙어 있다는 것이지요. 공기 중의 질소 분자를 몸 안에서 사용하려면 붙어 있는 두 개의 질소 원자를 떼어 내어 다른 원자와 붙여야 합니다.

생각해 보니 무척 간단한 것 같네요. 그런데 왜 우리 몸은 이렇게 간단한 일을 하지 못하는 걸까요? 그 이유는 질소 분자의 화학적 성질에 있습니다. 두 개의 질소 원자가 서로 붙

어 질소 분자가 만들어지고 나면 그 결합이 매우 단단해서 서
로 떼어 놓기가 어렵답니다. 그러니까 공기 중의 질소 분자
는 쪼개져서 다른 원자와 붙어 다른 물질로 되는 것, 즉 화학
변화가 아주 어렵다는 것이지요.

질소 다음으로 공기 중에서 많은 비율을 차지하는 산소의
경우는 어떨까요? 산소도 질소와 마찬가지로 산소 원자(O)
두 개가 붙어 하나의 산소 분자($O_2$)를 이룹니다. 하지만 산소
원자들은 쉽게 떨어져서 다른 원자와 잘 붙을 수 있답니다.
즉, 산소는 쉽게 화학 변화를 일으킨다고 할 수 있지요.

은색으로 반짝이던 쇠못이 한참 지난 후에 붉은색으로 녹
슬어 있는 것을 본 적이 있지요? 쇠못에 있는 철 원자와 산소

원자가 붙어서 새로운 물질이 만들어졌기 때문이에요. 쇠못 말고도 오래된 음식은 안 좋은 맛과 냄새를 내지요. 마찬가지로 산소가 음식의 성분과 화학 변화를 했기 때문이지요. 질소는 산소와 달리 화학 변화를 잘 하지 않기 때문에 때로는 유익하게 사용되기도 합니다.

여러분이 좋아하는 과자를 생각해 보세요. 과자 봉지 안은 기체로 채워져 있지요? 과자 봉지 안에 기체를 채우는 이유가 무엇일까요?

__ 과자 봉지를 부풀려서 과자가 부서지지 않게 하기 위해서예요.

네, 맞아요. 공기가 과자 봉지 안을 꽉 채우고 있으면 과자가 잘 부서지지 않지요. 그리도 또 다른 이유도 있습니다. 바로 다른 물질과 반응해서 과자가 상하지 않게 하기 위한 것이지요. 과자 봉지 안을 채우면서 과자가 상하지도 않게 하는 기체가 바로 질소입니다. 질소가 화학 변화를 잘 일으키지 않는다는 점에서 아이디어를 얻었다고 해요. 우리가 좋아하는 과자가 오래도록 맛을 유지할 수 있는 이유를 알겠지요?

내가 질소 이야기를 하다가 중간에 잠깐 산소 이야기를 한 이유는 우리 몸에 필요한 질소는 공기 중의 질소로부터 직접 얻어지지 않는다는 것을 설명하기 위해서였어요. 우리 몸에

필요한 많은 양의 질소는 공기가 아닌 음식을 통해서 얻을 수 있습니다.

음식에는 많은 종류의 영양소가 있지만 그중에서 가장 많은 양을 차지하는 영양소는 역시 단백질입니다. 단백질에는 많은 질소가 들어 있고, 위와 작은창자에서 아주 작게 쪼개져 혈액을 통해 몸속의 모든 세포에 수송됩니다. 이렇게 수송된 질소는 우리 몸에서 단백질, 핵산, 여러 조효소(효소가 활성을 띠게 하는 물질) 등을 만드는 데 사용되지요.

그렇다면 음식물에 있는 질소는 어디서 생기는 것인지 알아볼게요.

여러분 모두 쇠고기, 돼지고기, 닭고기 등의 음식을 좋아하지요? 나도 이러한 육류를 정말 좋아한답니다. 이 동물들도 모두 우리처럼 공기 중의 질소를 이용하지 못하고 음식물을 통해서 질소를 얻습니다. 즉, 사람을 포함한 그 어떤 동물도 공기 중의 질소를 스스로 이용하지는 못한다는 것이지요. 그럼 누가 공기 중의 질소를 스스로 사용할 수 있을까요? 해답은 작은 미생물에 있습니다.

공기 중의 질소를 동물과 식물이 이용할 수 있으려면 우선 단단한 질소끼리의 짝을 떼어 다른 원자와 붙여야 하는데, 몇 종류의 특수한 미생물이 이러한 과정을 가능하게 해 줍니다. 크기가 매우 작은 미생물은 공기 중의 질소를 암모니아로 바꿀 수 있는 능력을 가지고 있습니다.

암모니아는 공기 중에 있는 하나의 질소 분자로부터 떨어진 질소 원자 하나에 세 개의 수소 원자가 붙어서 만들어집니다.

__ 미생물이 질소 분자를 질소 원자로 어떻게 떼어 내는지 설명해 주세요.

네. 이런 특수한 미생물들은 자기 몸 안의 효소와 에너지를
사용하여 질소를 손쉽게 떼어 낸답니다. 그뿐만 아니라 떨어
진 질소 원자를 이용해 다른 질소 화합물을 만들기까지 하지
요. 이러한 기능은 오직 미생물만 가능하답니다. 토양 속에
서 질소를 고정하여 토양을 비옥하게 하고, 식물이 잘 자라
도록 도와주는 미생물을 '질소 고정 미생물' 혹은 '질소 고
정균'이라고 합니다.

미생물이 질소 원자에 3개의 수소 원자를 붙여서 만들어진
암모니아는 땅속의 물에 잘 녹아 식물의 뿌리를 통해 흡수됩
니다. 식물의 뿌리를 통해 들어온 암모니아는 식물 세포 안
에서 글루탐산($C_5H_9O_4N$)이라는 질소를 갖는 아미노산으로

변화되고, 여기서부터 여러 아미노산과 핵산이 만들어진답니다. 이렇게 만들어진 아미노산이 단백질을 만드는 데 사용되지요.

질소가 사람의 몸을 구성하는 과정을 정리해 볼까요? 공기 중의 질소를 미생물이 암모니아로 바꾸지요. 그리고 암모니아가 물에 녹아 뿌리를 통해 식물로 들어가서 식물의 몸을 만듭니다. 그럼 우리는 어떨까요? 여러분 얼굴을 보니 말하지 않아도 다 안다는 듯한 표정을 짓고 있군요. 여러분의 생각이 맞습니다. 동물은 식물을 먹어 질소를 얻습니다. 어떤 동물들은 다른 동물을 섭취하여 질소를 얻지요.

휴~. 공기 중에 남아도는 질소가 우리 몸을 이루기까지의 과정이 간단하지만은 않네요. 호흡을 통해 코와 입으로 매일 들이마시는 질소가 우리 몸속에서 일부분으로 작용하는 데는 이렇게 긴 이야기가 필요하답니다. 결국 우리는 질소를 얻기 위해 음식을 먹는다고 할 수 있습니다. 그리고 그 음식이 만들어지기 위해서는 미생물에서 만들어지는 암모니아가 제일 중요하지요. 미생물이 암모니아를 만들지 않으면 식물은 자랄 수 없습니다. 고기나 채소 등의 모든 음식은 결국 식물로부터 나오는 것입니다.

18~19세기에는 산업 혁명이 일어나 산업과 생산이 급격

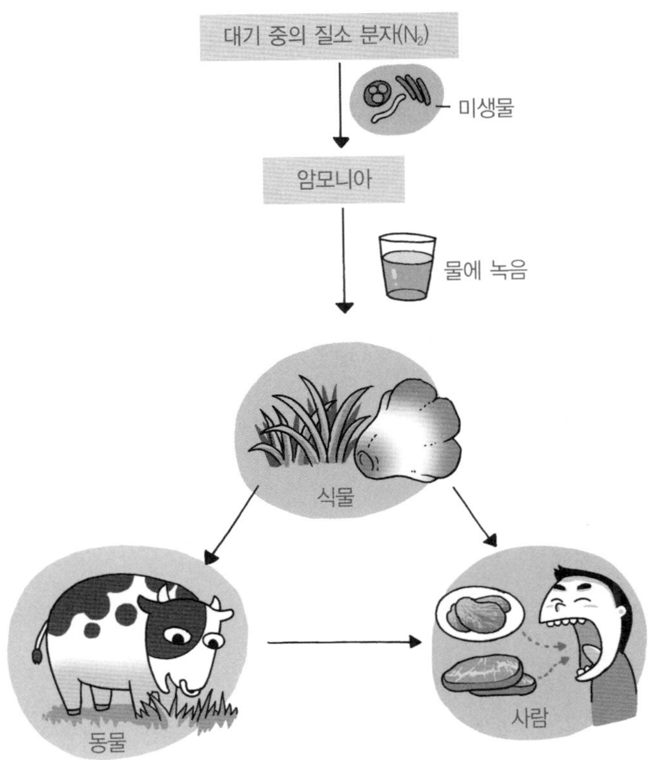


질소가 사람의 몸에 들어오는 과정

히 증가했습니다. 이때부터 전 세계 인구는 엄청난 속도로 증가했지요. 증가한 인구만큼 많은 음식이 필요해졌습니다. 이쯤 되자 농업을 통해 만들어지는 식량이 인구를 모두 먹이기에 충분하지가 않았습니다. 사람들은 어떠한 방법으로 많은 음식을 충당했을까요?

산업 혁명 전까지는 땅속의 미생물만으로 암모니아를 생산하는 데 전혀 부족함이 없었지요. 하지만 그것만으로는 필요한 사람들이 원하는 식량을 충당할 수가 없었기 때문에 사람들은 광물로부터 질소를 얻어 내는 방법을 개발했습니다. 하지만 식물을 키울 때 필요한 화학 비료의 필요성이 날로 증가하자 이마저도 한계에 도달했습니다.

위기가 닥쳐야 묘안이 나온다는 말 들어 보았나요? 나와 비슷한 이 시기의 과학자들은 전 세계 사람들에게 충분한 식량을 공급하기 위해 반드시 필요한 화학 비료의 주재료인 암모니아 제조법을 찾아내는 데 유일한 희망을 가졌습니다.

암모니아를 대량으로 만들 수 있는 방법에 대해서는 다음 시간에 계속하겠습니다. 이야기를 중간에 끊는 것 같다고요?

하지만 어쩔 수 없습니다. 암모니아를 대량으로 얻는 과정을 모두 설명하기엔 남은 시간이 너무 짧거든요, 하하하. 그럼 다음 시간에 만납시다.

### 과학자의 비밀노트

**생물학적 질소 고정**

화학적인 방법으로 공기 중의 질소를 암모니아로 전환하는 방법 외에 몇 몇 미생물은 생물학적 질소 고정을 할 수 있다. 미생물이 공기 중의 질소를 환원시켜 암모니아를 만들 수 있는 이유는 세포 내에 질소 분해 효소와 질소 환원 효소로 이루어진 복합체를 가지고 있기 때문이다. 질소 분해 효소는 몰리브데넘(Mo)과 철(Fe) 원자를 함유하는 두 종의 단백질 두 쌍이 모여 완전한 질소 분해 기능을 갖춘 효소를 이룬다. 질소 분해 효소가 질소를 분해하는 과정은 단순하지 않고 복잡한 과정이다. 질소 분해 과정은 질소 환원 효소라는 철과 황(S)을 함유하는 단백질이 ATP와 페레독신(ferredoxin)을 이용하여 전자를 생성하는 과정을 필수적으로 요구한다. 이 전자는 복잡한 과정을 거쳐 질소로부터 암모니아를 만드는 과정에 사용된다.

한편, 화학적 질소 고정 방법은 고온, 고압의 조건에서 촉매를 필요로 하는 고에너지 소비의 화학 반응인데, 미생물은 표준 상태(25℃, 1기압)에서 질소 분해 반응을 가능하게 한다. 이것이 가능한 이유는 전적으로 효소라는 단백질의 뛰어난 성질 때문이다. 효소는 반응물이 아주 효율적인 화학 반응을 이룰 수 있는 방향에서 서로 만날 수 있도록 도와주므로 부산물을 매우 적게 만들고, 촉매의 작용과 같이 화학 반응에서의 활성화 에너지를 감소시켜 반응 속도를 증가시킨다.

# 만화로 본문 읽기

철이 군. 갑자기 숨을 왜 그렇게 크게 들이쉬나요?
방금 책에서 봤는데, 질소가 우리 몸에 중요한 역할을 한다고 해서 질소를 들이쉬는 중이에요.

하하, 그렇군요. 하지만 공기 중의 질소는 우리 몸에 바로 섭취가 되지 않아요. 질소는 음식물을 통해서 얻어지는데, 이렇게 얻어진 질소는 단백질, 핵산, 여러 가지 조효소 등을 만드는 데 사용되지요.
공기 중의 질소가 바로 섭취가 안 된다고요?
우리는 끊어지지 않아!
N N

네. 몸을 이루는 질소는 질소 원자에 다른 원자가 결합하여 생긴 것들인데, 공기 중의 질소는 두 개의 질소 원자가 매우 단단하게 결합되어 있어서 서로 떼어 놓기가 어렵답니다. 그래서 다른 원자와 결합하기가 매우 힘들지요.
그럼 질소를 어떻게 섭취하지요?
우린 너희와는 달라.
C N
O N
N O
C N
N N
N N
N N
N N
N N

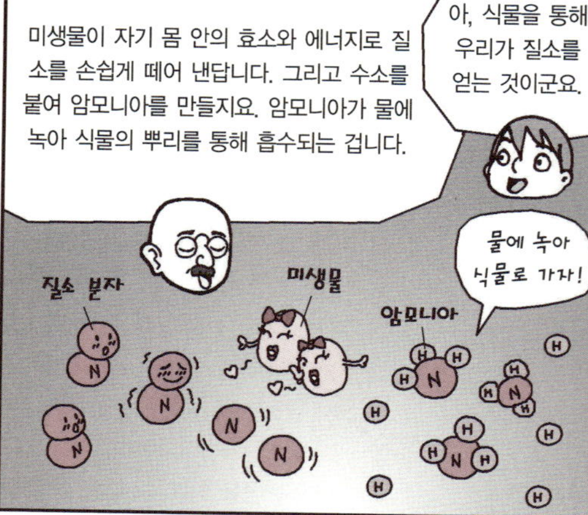

미생물이 자기 몸 안의 효소와 에너지로 질소를 손쉽게 떼어 낸답니다. 그리고 수소를 붙여 암모니아를 만들지요. 암모니아가 물에 녹아 식물의 뿌리를 통해 흡수되는 겁니다.
아, 식물을 통해 우리가 질소를 얻는 것이군요.
물에 녹아 식물로 가자!
질소 분자
미생물
암모니아

네. 암모니아는 식물 안에서 아미노산으로 변화되고, 여기서부터 여러 아미노산과 핵산이 만들어진답니다. 이렇게 만들어진 아미노산이 단백질을 만드는 데 사용되지요.
식물이 자랄 때 암모니아가 꼭 필요하군요.
단백질
아미노산
암모니아

그래요. 하지만 19세기 이후 급격한 인구 증가로 많은 식량을 필요로 하게 되면서 자연적으로 얻어지는 암모니아만으로는 사람들이 필요로 하는 식량을 충당할 수가 없어 인공적으로 암모니아를 만드는 방법이 생겨나게 된 것이랍니다.
어떤 방법인지 다음 시간에 설명해 주세요!
식량이 부족해! 암모니아를 인공적으로 만들어야 해!
배고파!
배고파~.

# 2

# 암모니아가 만들어지기까지

암모니아를 인위적으로 만들 수 있는 방법을 알아봅시다.

# 암모니아가
# 만들어지기까지

<table>
<tr><td>교.</td><td>초등 과학 5-1</td><td>4. 작은 생물의 세계</td></tr>
<tr><td>과.</td><td>초등 과학 6-1</td><td>4. 생태계와 환경</td></tr>
<tr><td>연.</td><td>중등 과학 2</td><td>4. 소화와 순환</td></tr>
<tr><td></td><td></td><td>7. 호흡과 배설</td></tr>
<tr><td>계.</td><td>고등 화학 Ⅰ</td><td>2. 화학과 인간</td></tr>
<tr><td></td><td>고등 생물 Ⅰ</td><td>9. 생명 과학과 인간의 생활</td></tr>
</table>

# 하버가 창밖의 햇살을 바라보며
# 두 번째 수업을 시작했다.

## 암모니아의 용해와 흡수

여러분 안녕하세요? 지난 시간에 이어 두 번째 수업이네요. 오늘은 유독 날씨가 좋은 것 같군요. 나는 이렇게 날씨가 좋은 날이면 종종 숲속을 한가로이 거닌답니다. 바람이 간간이 불어오는 숲길을 걸으면 건강에도 좋을 뿐만 아니라 골치 아픈 일들을 잠시 잊을 수 있어 일석이조의 효과를 얻을 수가 있지요.

복잡한 머릿속을 깨끗이 비웠으니 재미있는 내용들로 채워

볼까요? 지난 시간에 우리는 공기 중에 많이 있는 질소 기체
가 미생물에 의해 암모니아로 변한다는 것을 배웠어요. 그리
고 오늘은 기하급수적으로 늘어난 사람들의 식량을 충당하
기 위해 반드시 필요한 화학 비료의 주재료인 암모니아에 대
해 알아볼게요.

암모니아는 하나의 질소 원자에 세 개의 수소 원자가 결합
한 화합물로 아주 자극적인 냄새가 나는 무색의 기체입니다.
암모니아 냄새를 맡은 적이 있나요?

__ 네. 지난번 실험에서 모르고 암모니아수의 냄새를 잘못
맡았다가 수업 시간 내내 눈물을 흘린 적이 있어요.

저런! 손으로 바람을 쓸어 냄새를 맡았어야 했는데, 직접

코를 대고 냄새를 맡은 모양이군요. 여러분, 암모니아뿐만 아니라 실험실에 있는 모든 액체 물질은 바람을 일으켜 냄새를 맡아야 한답니다. 화학 물질 중에는 암모니아처럼 너무 자극적이어서 냄새를 맡는 것 자체만으로도 매우 위험한 물질이 종종 있거든요. 그러니 절대 코를 직접 대고 냄새를 맡으면 안 됩니다. 알겠지요?

__ 네! 선생님.

그럼 암모니아 이야기를 계속해 볼게요. 암모니아는 끓는점이 −33.4℃로 매우 낮아서 상온(약 25℃)에서는 보통 기체 상태로 존재합니다. 암모니아는 질소를 함유한 대부분의 동식물이 부패하는 과정에서 발생하여 대기 중에 약간 섞여 있기도 하고, 물에 잘 녹는 성질 때문에 토양이나 자연수(自然水)에 녹아 있기도 합니다.

지난 시간에 식물이 자라는 데 암모니아가 필요하다고 했지요? 그리고 식물이 뿌리를 통해 토양 속의 물을 빨아들일 때 물에 녹아 있던 암모니아가 식물 안으로 흡수된다는 이야기도 했습니다. 그렇다면 암모니아가 물에 얼마나 잘 녹는지 알아볼까요?

암모니아는 표준 상태에서 100mL의 물 안에 약 30g 정도가 녹을 수 있습니다. 이는 물이 반쯤 채워진 컵에 계란 반 개

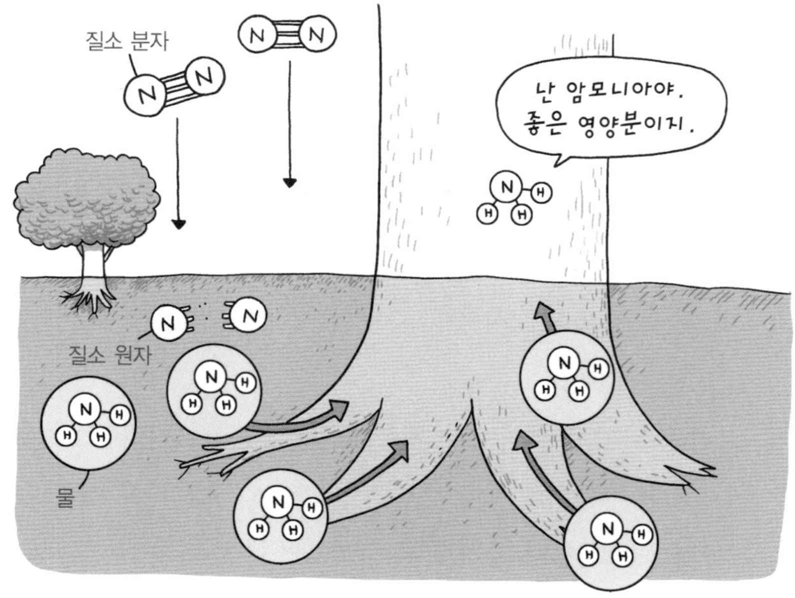


공기 중의 질소 분자가 식물에 흡수되는 과정

정도의 암모니아가 녹을 수 있다는 뜻이에요. 녹는 양이 많지요? 이러한 성질은 암모니아의 분자 성질과 관련이 있습니다.

암모니아에는 중심 질소 원자 하나에 수소 원자가 세 개 붙어 있고, 결합하고 있지 않은 전자쌍이 한 개 있습니다. 이 전자쌍이 물과 반응하면 암모늄 이온($NH_4^+$)이 만들어지고, 물(용매) 분자들과도 수소 결합을 여러 개 만들 수 있습니다. 그 결과 암모니아는 물 같은 용매에 쉽게 둘러싸이게 되지

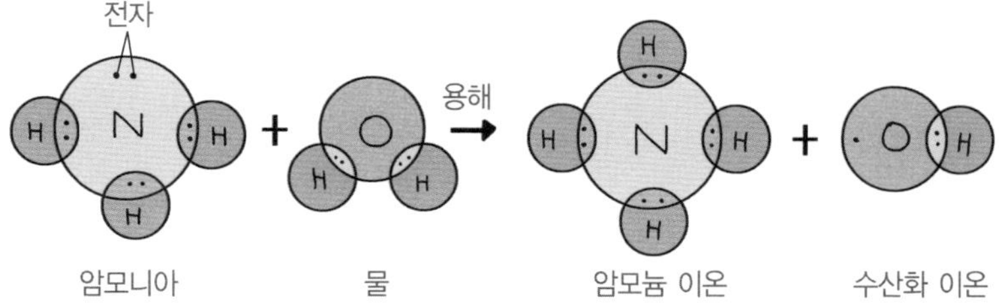



요. 이러한 현상을 용해라고 합니다. 이렇게 암모니아가 물에 녹아 만들어진 암모니아 용액이 암모니아수입니다.

## 질소와 수소 분리하기

우리는 지금까지 암모니아가 우리 몸에 들어오는 방법, 식물에 흡수되는 방법, 물에 녹는 방법 등을 알아보았습니다. 지금쯤이면 뭔가 이상한 낌새를 눈치챘을 법도 한데…….

＿ 순서가 이상해요. 거꾸로 배우고 있는 것 같아요.

하하하, 역시 눈치챘군요. 그렇지요. 우린 지금 순서를 거꾸로 배우고 있습니다. 그렇다면 이번에 배울 내용은 무엇일까요?

＿ 암모니아가 어떻게 만들어졌는지를 배워야 할 차례예요.

네, 맞아요. 이제부터 암모니아 제조법에 대해 알아볼게요.

암모니아를 만드는 방법은 아주 오랜 옛날부터 전해져 내려왔다고 해요. 사람들은 주로 염화암모늄($NH_4Cl$)으로부터 암모니아를 얻었는데, 태양신(암몬)을 섬기던 고대 이집트의 사원 부근에서 얻어지던 염화암모늄을 '암몬 염'이라고 불렀대요. 암모니아라는 이름도 여기에서 유래되었지요.

그 뒤 1774년에 프리스틀리(Joseph Priestley, 1733~1804)라는 영국인 학자가 처음으로 기체 상태의 암모니아를 분리했습니다. 프리스틀리는 산소를 처음으로 발견한 사람으로 아주 유명하지요. 현재 우리가 알고 있는 암모니아의 화학적 조성은 프리스틀리가 암모니아를 발견한 지 11년 후인 1785년에 베르톨레(Claude Berthollet, 1748~1822)라는 프랑스 과학자에 의해 밝혀졌어요. 베르톨레에 의해 암모니아의 화합물이 질소와 수소로 이루어졌다는 사실이 밝혀진 것이지요.

그래서 많은 과학자들은 사람들의 식량과 직접적으로 연관되는 암모니아를 화학적 방법으로 만들고 싶어 했습니다. 그러나 암모니아를 합성하기 위한 노력의 결과는 그다지 성공적이지 못했어요. 암모니아 제조를 위해서는 질소와 수소 기체가 있어야 하는데, 순수한 질소와 수소 기체를 준비하는 과정이 간단하지 않았거든요.

질소를 분리해 내는 것은 수소에 비해서 비교적 간단했습니다. 공기 중에 78%나 되는 많은 양이 들어 있기 때문에 공기를 모아서 추출해 낼 수 있었거든요. 문제는 수소였지요. 수소를 추출해 내는 방법에는 몇 가지가 있는데, 그중에서 내가 선택한 방법은 천연가스에 풍부하게 포함되어 있는 메테인을 이용하는 방법이었습니다.

천연가스로부터 황을 제거하는 단계를 거쳐 순수한 메테인을 얻을 수 있습니다. 그렇게 얻어진 순수한 메테인을 수증기와 반응시키는 증기 리포밍(reforming, 열이나 촉매로 인해

화합물의 구조를 변화시켜 품질을 높이는 조작) 과정을 거치게
됩니다. 보통 고온의 증기를 메테인과 반응시키게 되는데,
이때 촉매를 사용하면 수소가 얻어집니다. 말로만 들어서는
무슨 이야기인지 이해하기가 어렵지요? 내가 쉽게 설명해 줄
게요.

메테인($CH_4$)은 탄소 하나에 수소
네 개가 붙어 있는 화합물입니다. 탄
소로 이루어진 화합물 중 수소 비율
이 제일 높다고 볼 수 있어요. 왜냐하
면 하나의 탄소는 다른 원자와 최대
4개까지 결합할 수 있는데, 메테인의

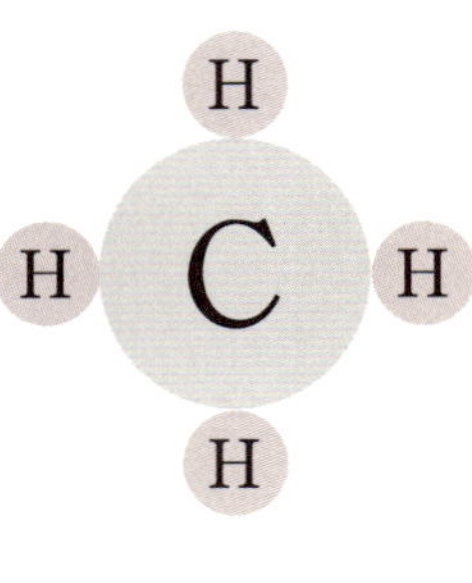

메테인

경우에는 결합할 수 있는 네 자리에 모두 수소 원자가 붙어
있으니까요. 메테인에 수증기를 반응시키는 것은 물에 들어
있는 산소 원자를 메테인의 탄소와 반응하게 해서 그 과정에
서 남은 수소들을 떨어지게 하는 것입니다.

탄소가 산소와 결합하고 나면 떨어진 수소들은 수소 분자
($H_2$) 기체로 변하지요. 메테인에 있던 수소와 물에 있던 수소
가 모두 떨어져서 수소 분자가 세 개나 만들어졌네요. 그래
서 반응이 끝나면 메테인 한 분자로부터 일산화탄소($CO$) 분
자 한 개와 수소 분자 세 개가 만들어집니다. 이 반응은 높은

온도와 촉매가 필요한 반응입니다. 즉, 저절로 이루어지는 반응이 아니라 많은 에너지를 필요로 하는 반응이라는 것이지요.

반응은 계속 진행시킬 수 있습니다. 왜냐하면 수소는 많이 얻으면 얻을수록 좋고 물은 얼마든지 사용해도 좋을 만큼 풍부하니까요.

여러분, 메테인과 물의 반응을 통해 만들어진 일산화탄소에 또 수증기를 반응시키면 어떻게 될까요?

__ 음……, 물의 화학식은 $H_2O$이니까 여기서 산소를 떼어 내면 또 수소를 만들 수 있겠네요. 그리고 떨어진 산소가 일

산화탄소와 결합하면 되지 않을까요?

아주 훌륭해요! 지금 대답한 학생의 대답처럼 $H_2O$로부터 산소를 떨어뜨려서 수소를 얻을 수 있어요. 그런데 떨어진 산소가 다시 수소와 반응해서 물이 만들어지면 소용이 없겠지요? 이때 떨어진 산소가 처음 반응에서 만들어진 일산화탄소와 반응하면 이산화탄소($CO_2$)가 만들어지겠지요.

화학 반응이란 조건에 따라 한 원자가 다른 원자와 결합할 수도, 떨어질 수도 있는 것입니다. 이것을 결정하는 것은 원자들의 고유 특성인 전자의 분포와 관계가 있답니다. 어떤 결합이 생긴 후에 처음 상태로 돌아갈지, 아니면 안정적으로 이 결합 상태를 유지할지는 결합이 만들어질 때의 에너지와

밀접한 관련이 있답니다.

어떤 결합을 만들기 위해 많은 에너지를 주어야 한다면 이러한 결합은 일반적으로 반응하기 전보다 불안정하기 때문에 반응 이전으로 쉽게 돌아갈 수 있습니다. 반대로 어떤 결합이 만들어지는 데 에너지가 필요하기는커녕 에너지가 방출된다면 반응이 끝난 후의 상태가 이전보다 안정된 것이므로 그 상태가 잘 유지됩니다. 쉬운 예를 들어 설명해 볼게요.

화학 반응이 일어날 때에는 에너지를 필요로 하거나 에너지를 방출한다고 했습니다. 뜨거운 물이 식는 것을 비유해 볼까요? 물을 끓이려면 열을 가해야 하지요. 뜨거워진 물은 차가운 물보다 그만큼 많은 에너지를 흡수한 것이고요. 하지만 에너지를 흡수한 상태가 처음보다 불안정하지요. 왜냐하면 뜨거운 물은 가만히 놓아 두어도 열을 내면서 점점 식어 가잖아요. 식은 물은 가만 놓아 두어도 절대로 뜨거워지지 않고요.

두 번째 반응식은 이산화탄소와 수소가 만들어지는 반응이었어요. 이때는 열이 약간 방출되는 반응입니다. 다시 말하면 이산화탄소와 수소가 만들어진 상태가 그 이전보다 안정적인 상태라는 것이지요. 그러니까 이렇게 만들어진 수소는 안정적인 상태를 유지할 수 있습니다.

수소를 얻기 위해 우리가 실제로 사용하는 방법은 여러 가지가 있습니다. 첫 번째와 두 번째 반응뿐 아니라 메테인을 직접 산소와 반응시켜서 일산화탄소와 이산화탄소 그리고 수소와 물을 만들어 내는 방법이 있지요. 이렇게 여러 가지 방법을 조합하면 아주 효율적으로 수소를 얻는 일이 가능해집니다. 단계적으로 정리해서 이야기해 볼게요.

첫 번째 반응에서 메테인과 물을 반응시켜 일산화탄소와 수소를 얻습니다.

$$CH_4 + H_2O \;\rightarrow\; CO + 3H_2$$

메테인　　물　　　일산화탄소　수소

이 반응에서는 메테인이 모두 반응하지 않기 때문에 반응이 끝난 후에도 메테인이 남게 됩니다.

두 번째 반응은 남은 메테인을 산소와 반응시켜서 추가로 수소를 얻는 것입니다. 이때 부산물(화학 반응에서 생성물 외에 부수적으로 생겨 재사용이 가능한 물질)로 일산화탄소가 얻어집니다. 부산물은 세 번째 반응에서 또 수소를 만드는 데 사용될 수 있습니다. 메테인과 산소의 반응 비율에 따라 이산화탄소와 물이 만들어질 수도 있습니다. 하지만 이 반응은 수소를 만들지 않으므로 메테인을 낭비할 뿐 도움이 되지 않으니까 원하는 반응이 많이 일어나도록 조건을 잘 맞추어야 합니다.

원하는 반응 : $2CH_4 + O_2 \rightarrow 2CO + 4H_2$
메테인　산소　일산화탄소 수소

원하지 않는 반응 : $CH_4 + 2O_2 \rightarrow CO_2 + 2H_2O$
메테인　산소　이산화탄소　물

마지막 세 번째 반응에서는 앞의 반응에서 부산물인 일산화탄소를 또 이용하여 수소를 얻습니다. 이 반응에서도 일산화탄소는 모두 사용되지 못하고 일부가 남게 됩니다.

$CO + H_2O \rightarrow CO_2 + H_2$
일산화탄소　물　이산화탄소 수소

이렇게 처음의 메테인을 이용해서 여러 차례 반응을 하는 동안 수소를 만들고 나면 부산물인 일산화탄소(CO)를 처리해야 합니다. 일산화탄소는 촉매를 손상시키기 때문에 이것을 다시 메테인으로 되돌려 놓아서 처음의 반응에 재사용할 수 있게 하는 것이지요. 이때는 수소를 소비하면서 반응이 일어납니다.

$$CO + 3H_2 \rightarrow CH_4 + H_2O$$
일산화탄소 수소　　　메테인　　물

어때요? 단계별로 차례차례 알아보니 생각보다 어렵지 않지요?

우리는 지금까지 메테인으로부터 수소와 물, 이산화탄소가 만들어지는 과정을 살펴보았습니다. 이것이 바로 암모니아를 만들기 위해 꼭 필요한 재료인 수소를 얻는 방법입니다.

그런데 이게 끝이 아닙니다. 이 밖에도 수소를 얻는 방법은 여러 가지가 있습니다. 그중에서도 가장 간단한 방법은 물을 전기 분해하여 수소를 얻는 방법입니다. 물 두 분자를 전기 분해하면 한 분자의 산소와 두 분자의 수소를 얻을 수 있습니다.

$$2H_2O \xrightarrow{\text{전기 분해}} O_2 + 2H_2$$
물         산소   수소

하지만 이 방법은 많은 양의 수소를 얻기 위한 방법으로는 적합하지 않습니다. 에너지가 너무 많이 필요하기 때문이지요. 암모니아는 화학 비료의 제조에 반드시 필요한 원료예요. 짧은 시간에 엄청난 양의 화학 비료를 만들어 내야 할 시기에 수소 하나 만드는 데 이렇게 많은 에너지를 소모해서는 안 되겠지요?

## 암모니아와 화학 비료

거름과 같은 천연 비료에만 의존하던 농업에 화학 비료가 도입되자 사람들은 이러한 화학 비료가 식물의 성장을 크게 증대시킨다는 사실을 알게 되었습니다.

농작물이 성장하고 열매를 맺거나 뿌리를 내리는 모든 과정은 토양 속의 영양분이 식물에 흡수되기 때문에 일어나는 현상이지요. 그 식물이 성장함에 따라 영양분은 식물의 몸을 만드는 재료로 쓰입니다. 그러니까 식물이 자라는 총량은 식

물이 토양에서 흡수한 영양분의 총량보다 많을 수는 없다는 뜻이지요. 따라서 많은 작물을 수확하려면 그만큼 많은 양의 영양분을 식물에 공급해야 합니다.

지난 수업 시간에 잠시 언급했지만 산업 혁명에 따른 인구 증가로 인해 농작물의 대량 생산이 불가피해졌습니다. 이제는 미생물에 의한 천연 비료뿐만이 아닌 화학 비료의 필요성이 절실해진 것입니다. 다음 페이지의 그래프는 인구 증가가 얼마나 짧은 시간 안에 급격히 일어났는지를 단적으로 볼 수 있는 자료입니다.

내가 갑자기 인구 증가에 대해 이야기하는 이유는 인구 증가가 암모니아의 대량 생산과 가장 직결되기 때문입니다.

전 세계의 인구가 1천만 명, 즉 지금의 서울 인구 정도까지 늘어나는 데 걸린 시간은 매우 길었답니다. 인류는 맨 처음 지구 상에 생겨난 이래 아주 천천히 인구를 증가시켜 기원전 4000년쯤이 되어서야 겨우 1천만 명 정도가 되었다고 해요. 그 후 인구가 두 배인 2천만 명으로 늘어나는 데 걸린 시간은 겨우 2천 년이 소요되었답니다. 그리고 그 다음 두 배가 되는 데에는 1천 년이 걸렸고요. 그래서 서기 0년쯤이 되었을 때 전 세계 인구는 1억 명 정도가 되었습니다. 그 다음 두 배가 되는 데는 5백 년 정도가 걸렸고, 그러다가 산업 혁명이 찾아

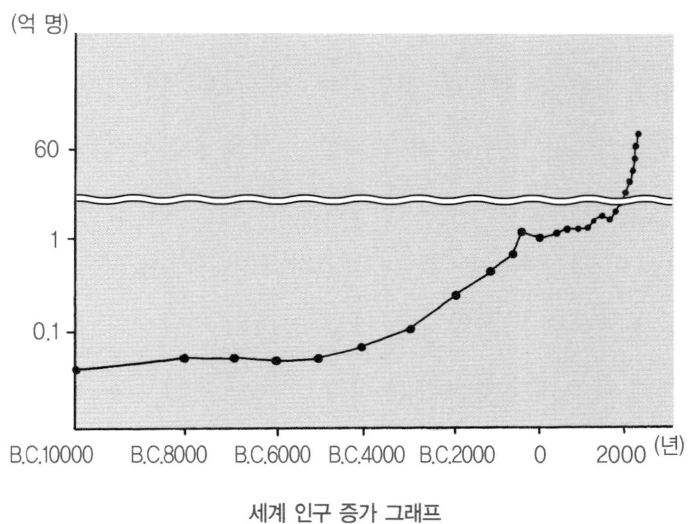


세계 인구 증가 그래프

온 것입니다.

산업 혁명은 산업뿐 아니라 농업의 발전도 함께 가져왔습니다. 그래서 18세기 약 1백 년 동안에 세계 인구는 두 배로 가파르게 증가했습니다. 19세기에도 마찬가지로 두 배의 인구 증가를 기록했고요. 이처럼 급격히 인구가 증가할 수 있었던 이유는 무엇일까요?

첫째, 의학의 발달로 아동 사망률이 급격히 감소했습니다. 반대로 인간의 수명은 급속히 길어졌지요.

둘째, 농업 생산량의 증가를 들 수 있습니다. 인간의 생존 조건 가운데 음식보다 중요한 것이 또 있을까요? 이 시기에

농업 생산량이 엄청나게 증가하지 않았다면 이러한 인구 증가는 유지될 수 없었을 것입니다. 바꿔 말하면 이 시기에 급격히 증가하는 인구를 먹여 살릴 음식을 충분히 생산할 필요성이 생겨난 것이지요. 그 이전 시대에는 약간의 작물 재배만으로도 자급자족을 할 수 있었지만 이 시기부터는 더 많은 농토가 필요해진 것입니다. 또한 농사의 기술적 측면이 중요해져서 전문적인 농업과 농산물 유통이 보다 중요해진 것이지요.

그러나 곧 농토의 면적과 농사법만으로는 생산량을 충족시키기 어려운 시점이 되고 만 것입니다. 이제는 적은 농토에서 더욱 많은 양을 수확하는 기술이 요구되고, 또 더욱 많은 양을 수확할 수 있도록 품종을 개발하는 일이 시급해진 것입니다. 이러한 전 세계적 변혁기에 출현한 화학 비료는 농업의 한계에 돌파구를 마련해 주었답니다.

__ 선생님, 화학 비료가 식물이 자라는 데 필요한 영양분을 공급하는 것이라고 하셨잖아요. 그렇다면 화학 비료에 흙과 물 이외에 식물한테 필요한 물질이 많이 포함되어 있다는 건가요?

네, 그렇습니다. 식물을 포함한 모든 생명체는 지구 상에 있는 많은 종류의 원자들로 구성된 분자로 이루어져 있습니다. 생명체는 이러한 물질을 외부에서 얻기도 하고 몸 안에서 스스로 만들기도 하지요.

그런데 몸 안에서 스스로 만들어지는 물질도 그 재료는 외부에서 얻어야 한답니다. 단백질, 핵산, 탄수화물, 지방 등은 적당한 재료가 있어야만 만들어질 수 있기 때문이지요. 물과 같이 매우 중요한 물질도 외부로부터 얻어야 합니다. 농작물이 필요로 하는 영양분의 양은 자연적으로 토양에서 얻을 수 있는 영양분보다 훨씬 많기 때문에 부족한 부분을 천연 비료와 화학 비료가 공급해 주어야 합니다.

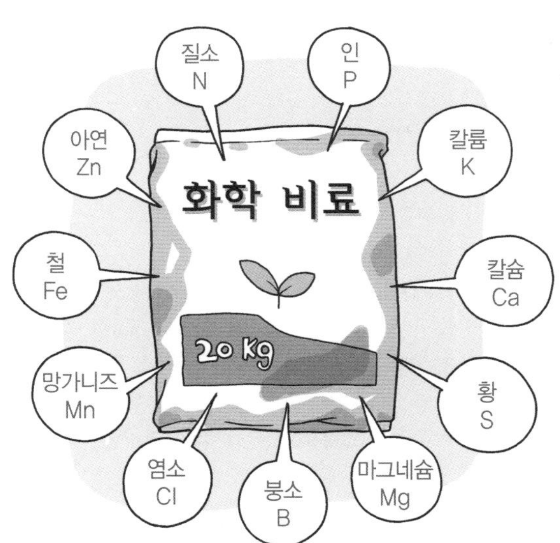

그래서 비료는 질소(N), 인(P), 칼륨(K) 같은 원소를 매우 많이 필요로 합니다. 그 다음은 칼슘(Ca), 황(S), 마그네슘(Mg)이 약간 필요하고, 그 밖에도 비록 아주 적은 양이지만 붕소(B), 염소(Cl), 망가니즈(Mn), 철(Fe), 아연(Zn) 등의 원소도 필요하답니다. 화학 비료란 이러한 성분들을 포함하는 여러 화합물들의 혼합물이라고 생각하면 됩니다.

암모니아는 질소를 함유하고 있어 훌륭한 질소 공급원이 됩니다. 질소는 생체 내에서 꼭 필요한 핵산과 아미노산 등을 만드는 데 필요하지요. 암모니아는 화학 반응을 통해 인산암모늄($(NH_4)_3PO_4$), 황산암모늄($(NH_4)_2SO_4$) 등으로 변화하는데, 우리는 이것을 비료의 성분으로 사용했습니다.

이렇게 암모니아는 비료를 제조할 때 아주 유용하게 쓰이

**과학자의 비밀노트**

**생물체 내에서 암모니아는 어떻게 이용될까?**

질소가 암모니아로 바뀌는 것이 중요한 이유는 생물체 내의 중요한 성분인 핵산, 단백질을 만드는 아미노산이 많은 질소를 필요로 하기 때문이다. 질소가 만드는 암모니아는 물에 녹으면 일부가 암모늄 이온($NH_4^+$)으로 환원된다. 이러한 상태로 뿌리를 통해 식물 내로 흡수되면 먼저 아미노산을 만드는 데 사용되고, 그 다음에는 다른 여러 질소 함유 생체 분자를 만드는 데 이용된다.

는 화합물이기 때문에 암모니아 생산 능력은 비료의 생산 능력과 아주 밀접한 관련을 갖고 있습니다.

다음 시간에는 오늘날과 같이 엄청난 양의 암모니아를 만들어 낼 수 있는, 내가 개발한 암모니아 제조법에 대해 이야기하겠습니다. 다음 시간에 만납시다.

암모니아가 만들어지는 방법을 가르쳐 주세요!
오래전에는 염화암모늄으로부터 암모니아를 얻었지만 베르톨레에 의해 암모니아의 성분이 질소와 수소란 사실이 알려진 후로 대량 생산이 가능해졌어요.
암모니아는 질소와 수소가 결합한 거였군. 이제 대량으로 생산해 볼까?
암모니아

그럼 질소와 수소는 어떻게 얻지요?
질소는 공기 중에서 비교적 손쉽게 추출해 낼 수 있고, 수소는 메테인과 수증기를 반응시켜 얻어낼 수가 있어요.
$CH_4 + H_2O \rightarrow CO + 3H_2$

메테인을 수증기와 반응시키면 일산화탄소와 수소가 생기는데, 이 일산화탄소에 다시 물을 반응시키면 이산화탄소와 수소가 만들어지지요. 이때 만들어진 이산화탄소와 수소는 일산화탄소와 물보다 안정적이어서 수소를 얻을 수 있답니다.
$CO + H_2O \rightarrow CO_2 + H_2$

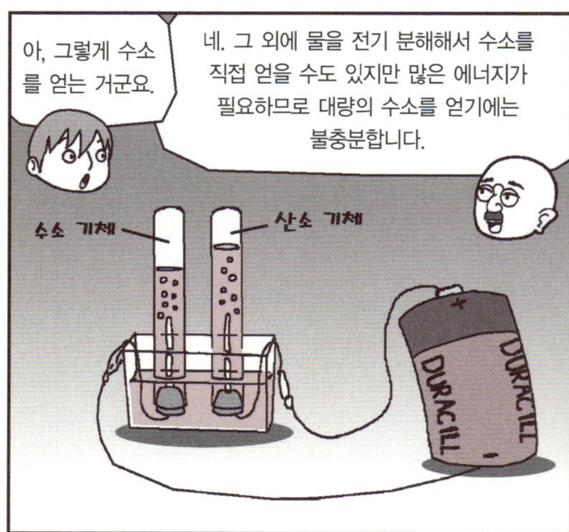
아, 그렇게 수소를 얻는 거군요.
네. 그 외에 물을 전기 분해해서 수소를 직접 얻을 수도 있지만 많은 에너지가 필요하므로 대량의 수소를 얻기에는 불충분합니다.
수소 기체
산소 기체
DURACILL

그런데 화학 비료가 꼭 필요한 건가요?
식물이 성장하는 데 필요한 영양분은 식물을 만드는 재료인데, 자연적으로 얻을 수 있는 양보다 많은 양의 식물을 수확하려면 부족한 부분을 천연 비료와 화학 비료가 채워 줘야 하는 것이지요.
화학 비료

이렇게 암모니아는 비료를 제조할 때 아주 유용하게 쓰이는 화합물이기 때문에 암모니아 생산 능력은 비료의 생산 능력과 아주 밀접한 관련을 갖고 있답니다.
암모니아의 생산량이 식물의 수확량을 결정짓겠군요.
화학 비료

**3**

# 하버의 암모니아 합성법

암모니아는 화학 비료의 주재료입니다.
하버가 대량으로 암모니아를 만들어 낸 방법을 알아봅시다.

# 하버의
# 암모니아 합성법

# 하버가 두 손을 모으고
# 세 번째 수업을 시작했다.

여러분, 안녕하세요? 햇살이 따뜻한 오후군요. 오늘 점심 식사 때는 무엇을 먹었나요? 난 식사 때마다 감사의 기도를 드린답니다. 매 끼니마다 이렇게 맛있는 음식을 먹을 수 있다는 건 매우 감사한 일이고, 크나큰 행복이지요. 하지만 누구나 음식을 풍족하게 먹을 수 있는 건 아니랍니다. 우리 주변에는 지금도 식량이 부족해서 어려움을 겪는 사람들이 많이 있으니까요. 그래서 감사의 마음뿐 아니라 식량이 없어 어려운 처지에 놓여 있는 사람들을 도울 수 있는 방법을 궁리하는 것도 우리에게 필요한 일이라 생각됩니다.

그럼 오늘도 감사의 마음과 봉사의 의지를 가지고 수업을 시작해 보겠습니다. 지난 시간에 나는 암모니아가 식물이 사용할 수 있는 형태의 질소의 원천으로써 매우 중요하다고 했습니다. 그리고 급속히 늘어난 인구에 맞는 식량을 만들기 위해 엄청난 양의 비료가 필요하다는 것도 설명했지요. 그 당시의 상황을 좀 더 이야기하겠습니다.

## 화학 비료와 시대 상황

내가 살던 독일을 중심으로 이야기할게요. 1800~1900년 사이 독일의 인구는 2,500만 명에서 5,500만 명으로 두 배 이상 증가했습니다. 농업은 그때나 지금이나 매우 중요한 산업이었지요. 이렇게 인구가 증가되니 그 이전에 사용하던 전통적 거름으로는 더 이상 필요한 만큼의 농산물을 생산할 수 없게 되었어요. 그래서 화학 비료가 매우 중요해진 겁니다.

비료에는 질소, 인, 칼륨 등의 원료가 포함되어 있다고 했습니다. 그런데 인이나 칼륨 같은 원료는 풍부해서 쉽게 얻을 수 있었지만 질소가 문제였지요. 지난 시간에도 이야기했지만 대기 중에 있는 질소는 너무 단단히 결합된 형태로 존재

하기 때문에 식물이 바로 사용할 수 없지요.

식물이 사용할 수 있는 좋은 형태는 질소가 암모니아를 이루고 있는 상태입니다. 그 당시에 암모니아의 주 원천은 석탄 가스를 처리하는 과정에서 나오는 부산물인 암모니아수였습니다. 1700년대 말~1900년도 초까지는 석탄 가스 처리 공장이 많아서 도시의 가정과 공장에서 쓰이는 가스등 조명에 필요한 연료를 만들었답니다.

또 다른 암모니아의 원천은 남아메리카의 안데스 산맥 주변국들인 페루, 칠레, 볼리비아에서 발견되는 암염 퇴적물이었습니다. 유럽에서는 이 퇴적물을 이용하여 질산나트륨을

제조했습니다.

질산나트륨은 식물이 이용할 수 있는 화합물로 쉽게 변화시킬 수 있습니다. 그래서 주변 여러 나라에서 질산나트륨을 차지하기 위해 혈안이 되었지요. 이 가치 있는 퇴적층을 확보하기 위해 1879~1883년까지 칠레와 볼리비아-페루 연합국 간에 전쟁이 벌어졌을 정도였습니다. 하지만 1890년대에 과학자들은 이러한 퇴적층도 약 30년 정도 사용하고 나면 고갈될 것이라고 예측했습니다. 그 당시에 인류는 세계적 식량난이라는 엄청난 문제에 직면하게 된 것입니다.

그래서 과학자들은 이제 대기 중에 함유되어 있는 풍부한 질소를 이용해 암모니아를 만드는 쪽으로 관심을 돌리게 되었습니다. 그 무렵에는 인류의 생존을 위해 해결해야만 하는 가장 시급하고 중요한 문제였습니다.

공기 중의 질소에서 유용한 형태인 질소 화합물을 얻는 방법이 내 관심을 사로잡았습니다. 과학자들은 이것을 질소 고정이라고 했습니다. 공기 중의 질소는 번개가 칠 때 산화질소로 바뀝니다. 하지만 그 양이 매우 적기 때문에 결코 산업용으로는 사용할 수가 없었지요. 그래서 사람들은 그러한 기상 현상에서 아이디어를 얻어 밀폐된 공기에 높은 에너지를 방전하여 질소 산화물을 얻을 수 있는 방법들을 발명했습니다. 나도 그때는 이 방법에 매료되었지요. 1902년에는 직접 나이아가라 폭포 근처에 위치한 공장에 가서 질소를 산화시키는 거대한 아크 방전 화로를 견학할 정도로 열의를 보였답니다.

이 방법은 나름 성공적이었으므로 몇 가지 기술 발전을 거듭한 끝에 컨소시엄(여러 나라가 협력하여 경제적 도움이 필요한 나라를 지원하는 방식이나 모임)이 조직되었고, 노르웨이에 큰 공장도 세워지게 되었습니다. 그 당시 가장 진보한 기술을 채택한 이 공장은 노르웨이의 값싼 수력 전기를 이용해 산화

질소를 생산하기 시작했습니다. 컨소시엄은 독일에도 비슷한 공장을 건설했습니다. 따라서 전기 방전을 이용하는 산화질소 제조법은 어느 정도 산업화에 성공했다 할 수 있었습니다. 그러나 그것은 노르웨이처럼 전기가 매우 싼 나라에서만 사용할 수 있는 방법이었습니다.

그 외에도 산화질소를 생산하는 또 다른 방법들도 속속 고안되었습니다. 석탄 가스를 증류할 때 나오는 부산물에서 암모니아수를 얻는 방법도 당시로서는 꽤 성공적이었습니다. 그래서 1910년쯤에는 내가 살던 독일에서 필요한 질소의 절반 정도 양을 공급할 수 있었지요. 그때부터 암모니아를 비롯한 질소 화합물은 전 세계적으로 필요성이 증가하는 물질인 동시에 사업가들에게는 좋은 생산 품목이 되었습니다.

## 하버의 암모니아 제조법

그 무렵부터 나와 내 동료였던 쾨니히(Koenig)는 그 당시에도 그랬지만 지금도 전 세계에서 가장 거대한 화학 공업 회사인 BASF(Badishe Anilin & Soda—Fabrik)와 공동 연구를 했습니다. BASF와 함께 처음 시도한 연구는 주로 '고

BASF 회사 전경

전압 아크 방전을 이용한 공기 중 질소의 고정’이었습니다.
하지만 나는 곧 이 방법은 효율성이 너무 떨어진다는 것을 깨
달았지요.

당시에 우리가 얻을 수 있었던 최고의 효율은 $1kWh$의 에
너지를 가지고 고작 16g의 질소를 고정하는 것이 전부였습
니다. 이론적으로 이 에너지를 모두 질소의 화학적 변화를
이루기 위한 에너지에 사용한다면 적어도 질소 화합물을 30
배는 더 많이 만들 수 있었을 텐데 말입니다.

이 문제를 기술적으로 해결하지 못하면 고전압 아크 방전
법은 고작 전기가 싼 몇 나라에서만 사용할 수 있는 비효율적
방법이 되었을 겁니다. 그리고 이런 계산 결과는 많은 나라

에서 비료를 만들고 혜택을 누리길 바랐던 나의 희망을 아주 어둡게 하는 것이었지요.

＿ 그러면 누가 어떻게 이 문제를 해결하게 되었나요?

이제부터 본격적으로 그 이야기를 하겠습니다. 내가 완전히 다른 방법으로 관심을 돌리게 된 계기는 1903년에 찾아왔어요. 당시 오스트리아의 수도인 비엔나에 위치한 오스트리아 화학 회사(Österreichische Chemische Werke)의 창업주였던 마르굴리에(Otto Margulie)가 나에게 전문적인 자문을 구한 것입니다.

마르굴리에는 촉매를 이용해서 질소와 수소를 반응시켜 다량의 암모니아를 만들 수 있을지 알고 싶어 했습니다. 그런

화학자
오스트발트

데 이 아이디어는 그보다 3년 전인 1900년에 오스트발트
(Wilhelm Ostwald, 1853~1932)라는 화학자가 이미 생각해
낸 일이었습니다. 그는 질소와 수소를 반응시켜 암모니아를
제조하는 방법을 고안해 냈고, BASF에서는 이것이 산업적
으로 가능한지 테스트해 본 적이 있었던 것이지요.

나는 BASF에서 이 실험을 할 때 몇 가지 금속 촉매를 이
용했다는 사실을 알고 있었습니다. 그 무렵 내가 BASF와
긴밀히 공동 연구를 하고 있었기 때문에 이 사실을 약간이나
마 알고 있었던 겁니다.

오스트발트가 생각해 냈던 이 새로운 방법은 소량의 암모
니아를 생산하는 데 그쳤을 뿐 실용화되지 못하고 그만 잊혀
지고 말았습니다. BASF는 이 방법이 얼마나 중요한지 그때
는 전혀 알아채지 못했던 것이지요. 그래서 나는 오스트리아
화학 회사의 지원을 받아 이 일에 열중할 수 있었습니다. 나
는 암모니아가 만들어지는 이 반응의 평형에 대해 연구하기
시작했습니다.

암모니아는 질소와 수소가 반응하여 만들어집니다. 그런데
암모니아가 만들어지면 안정적인 암모니아 상태를 유지할
수 있느냐가 관건이었지요. 왜냐하면 암모니아는 다시 질소
와 수소로 분해될 수 있기 때문입니다. 질소와 수소를 반응

물이라고 하고, 두 반응물이 반응해서 만들어지는 암모니아를 생성물이라고 합니다. 그리고 반응물이 생성물이 되는 반응을 정반응, 반대로 생성물이 분해되어 반응물로 되돌아가는 반응을 역반응이라고 합니다.

$$\frac{1}{2}N_2 + \frac{3}{2}H_2 \underset{\text{역반응}}{\overset{\text{정반응}}{\rightleftarrows}} NH_3$$

반응물      생성물

__ 아! 그래서 암모니아가 만들어지는 반응에 화살표가 양쪽으로 있는 것이군요!

네, 맞습니다. 화살표가 양쪽으로 표시되어 있어서 이 반응에서는 정반응과 역반응이 모두 일어날 수 있다는 것을 알 수 있지요. 정반응에서 생성물이 어느 정도 만들어지면 역반응이 촉진되고 그 뒤 다시 정반응이 촉진되고……. 이렇게 정반응, 역반응은 계속적으로 번갈아 일어납니다.

밀폐된 용기 속에 질소와 산소를 넣어 암모니아를 만드는 실험을 한다고 합시다. 질소, 수소, 암모니아의 농도를 측정하는 장치가 용기에 연결되어 있으면 매 순간 질소, 수소, 암모니아의 농도를 알 수 있겠지요. 그러면 어떤 일이 벌어질

지 생각해 봅시다.

반응을 시작한 후 처음에는 암모니아가 없고, 질소와 수소만 용기에 들어 있겠지요. 시간이 흐르면서 질소와 수소의 농도는 줄어들고, 암모니아의 농도는 증가할 것입니다. 이대로 한참을 놓아 두면 농도에 어떤 변화가 생길까요?

＿ 정반응과 역반응이 계속 일어나면 세 가지 물질의 농도가 계속해서 바뀌지 않을까요?

아주 정밀하게 관찰을 계속 한다면 그럴 수도 있겠지요. 양팔 저울에 비유해서 생각해 볼까요? 만일 양팔 저울의 양편에 똑같은 무게를 올려놓으면 어떤 일이 일어나지요?

＿ 양쪽으로 조금씩 움직이다가 나중에는 움직임이 멈추겠지요. 아, 그렇다면 세 가지 물질의 농도도 처음에는 농도가

변화하다가 나중에는 변화가 없어지는 건가요?

네, 그와 비슷한 현상이 나타납니다. 처음에는 질소와 수소가 급격하게 줄어들면서 암모니아가 만들어지지요. 그러다가 점점 변화하는 속도가 줄어들고 나중에는 질소, 수소, 암모니아의 농도가 일정 농도에서 더 이상 변하지 않습니다. 이런 상태를 평형 상태라고 합니다.

＿ 양팔 저울이 평형을 이룬 상태처럼 질소, 수소, 암모니아가 평형 상태에 이르면 화학 반응이 끝나는 거군요.

아니요, 그렇지 않습니다. 나는 질소와 수소의 반응이 양팔 저울과 비슷하다고 했지, 같다고는 하지 않았어요. 평형 상태가 되면 화학 반응이 종료된다고 생각하는 것은 잘못입니다. 아까 소개한 화학 반응식을 다시 보세요.

$$\frac{1}{2}N_2 + \frac{3}{2}H_2 \xrightleftharpoons[\text{역반응}]{\text{정반응}} NH_3$$

화살표가 양쪽으로 표시되어 있지요? 그 의미는 반응이 계속 양쪽으로 진행된다는 뜻이에요. 반응 종료라면 화살표는 의미가 없지요. 우리 눈에는 마치 반응이 끝난 것처럼 보입니다. 왜냐하면 반응물과 생성물의 변화가 없기 때문이지요.

하지만 실제 화학 반응은 쉬지 않고 계속해서 정반응과 역반
응을 반복하고 있는 것이랍니다.

＿ 정반응과 역반응이 계속된다면 농도가 어떻게 일정하게
유지될 수 있나요?

정반응과 역반응의 속도가 정확히 같다면 어떻게 될까요?
암모니아가 만들어지는 속도와 분해되는 속도가 정확히 일
치한다면 말이에요. 그러면 암모니아의 농도가 달라질까요?

＿ 아, 알았어요. 양동이에 들어오는 물과 빠져나가는 물의
양이 정확히 같다면 양동이 안에 머무는 물의 양은 일정해 보
이지만 물이 들어오고 나가는 것이 정지된 것은 아니라는 말
씀이시지요?

학생이 아주 좋은 예를 들었네요. 다른 학생들도 이제야 이해가 확실히 간다는 표정을 짓고 있군요, 하하하.

화학 반응은 일정 시간이 흐르고 나면 평형 상태에 도달합니다. 어떤 화학 반응이 얼마나 잘 일어나는가를 판단하기 위해서 과학자들이 약속한 척도가 평형 상수와 반응 속도라는 것입니다. 평형 상수란 평형이 된 상태에서 원래의 물질과 만들어진 물질의 비율이라고 생각하면 됩니다. 만들어진 물질(생성물)이 많을수록 반응이 잘 일어나서 평형 상수가 커지고, 원래의 물질(반응물)이 많을수록 반응이 잘 안 일어나서 평형 상수 값이 작겠지요.

반응 속도란 단위 시간당 반응물(또는 생성물)의 농도 변화를 의미합니다. 즉, 일정 시간 동안에 얼마나 많은 생성물이 만들어지는가를 알아보는 것이지요. 평형 상수와 반응 속도가 커지면 화학 반응을 효율적으로 변화시키게 되어 원하는 생성물을 많이 얻을 수 있습니다.

여기서 내가 한 일은 암모니아를 만드는 화학 반응의 평형 상수와 반응 속도를 크게 만드는 방법을 고안하는 것이었습니다.

__ 선생님, 그런데 그렇게 간단한 일은 아니었나 봐요. 선생님 이전에는 아무도 성공하지 못했다니 말이에요.

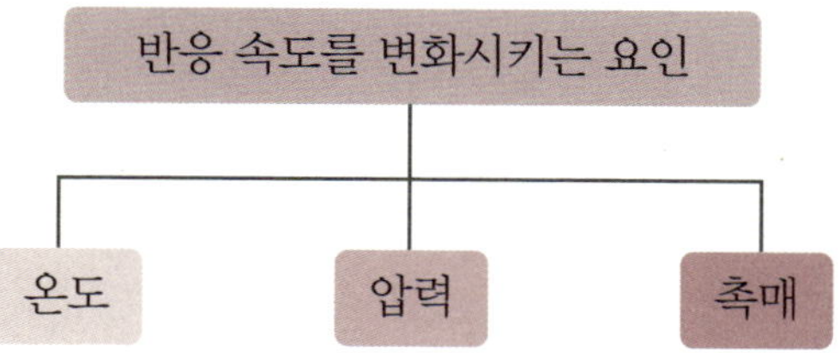


한동안 나는 질소와 수소를 이용하여 암모니아를 만드는 반응의 수많은 실험 조건을 만들고, 이때 생성되는 각 가스의 농도를 측정하여 평형 상수가 큰 값을 가지는 조건을 찾는 데 열중했습니다. 그 결과 평형 상수를 변화시키기 위해서는 온도를 조절해야 하고, 반응 속도를 높이기 위해서는 적당한 온도와 압력 그리고 촉매가 필요하다는 것을 알아냈습니다.

여기서 분명히 짚고 넘어가야 할 게 있습니다. 이 모든 것들이 결코 나 혼자만의 업적이 아니었다는 것이지요. 나와 함께 헌신적으로 연구했던 로시뇰(Le Rossignol)과 마이어(Max Mayer)는 명석하면서도 참을성 있게 나의 실험을 도왔습니다.

175기압에서 550℃로 가열된 오스뮴(Osmium, 원소 기호 Os, 원자 번호 76번, 원자량 190.2의 자연계에 존재하는 원소 중 가장 밀도가 큰 금속으로 비중은 납의 두 배이고, 녹는점은 3306K로 매우 높다)이라는 촉매 하에 전체의 약 8%의 부피에 해당

하는 암모니아 기체를 얻을 수 있었습니다.

그때의 기쁨은 이루 말할 수 없었지요. 우리는 이 기쁜 소식을 곧 BASF에 알렸습니다. 그런데 아쉽게도 BASF의 책임자는 이 발견이 얼마나 중요한 의미를 갖는지 잘 알아채지 못한 것 같았습니다. 그는 우리의 실험 조건이 산업적으로 적용하기에는 무리가 있다고 생각했습니다. 왜냐하면 이 반응이 일어나려면 아주 높은 압력과 온도가 필요했기 때문이지요.

우리는 실망스러웠지만 포기하지 않고 BASF의 중요 인물들을 계속 설득했습니다. 그 가운데 BASF의 이사 중 한 사람은 나에게 진지한 목소리로 이렇게 말했습니다.

"이 일이 가능하려면 얼마나 높은 압력이 필요합니까?"

나는 최소 100기압은 필요하다고 대답했습니다. 그랬더니 그는 정색을 하며 이렇게 말하더군요.

"바로 어제 우리 앞에서 7기압의 멸균기가 폭발했소이다. 100기압이라면 쉽지 않겠군요."

하지만 다른 고위직 이사인 보쉬(Bosch) 씨는 반대하는 사람들을 설득하는 데 많은 도움을 주었습니다.

"여러분, 이 일은 실현 가능한 일인 것 같소. 나는 독일의 강철 기술자들의 능력을 잘 알고 있소. 이 일이라면 위험을 감수할 충분한 가치가 있소."

우리는 한 줄기 희망을 찾은 것 같았습니다. 하지만 모든 문제가 해결된 것은 아니었어요. 우리가 촉매로 사용한 오스뮴이라는 금속은 자연계에서 찾아보기 힘든 아주 희귀한 금속이었습니다. 그 때문에 아주 약간 사용하는 데에는 문제가 없었지만 산업용으로 많은 양을 구하기는 매우 어렵고, 값도 아주 비쌌습니다. 물론 우리는 오스뮴을 우라늄(Uranium, 원소 기호 U, 원자 번호 92번, 원자량 238.0의 내부 전이 금속)으로 대체하여 만족할 만큼의 암모니아를 생산하는 데 성공했지만요.

많은 사람들이 우리의 결과에 대해 비판적인 선입관을 버

리지 않았지만 우리는 결국 1909년 7월에 BASF의 주요 사람들 앞에서 암모니아 생산 시범을 보였습니다. 그때 우리가 사용한 강철 반응 조에는 100g의 오스뮴 분말과 고압의 질소와 수소가 담겨 있었습니다.

시범은 대단히 성공적이었습니다. 반응 조에서 흘러나오는 냉각된 암모니아 액체를 보자 사람들은 비로소 이 사실을 완전히 믿게 되었습니다. 물론 여기저기서 축하 인사와 함성이 터져 나왔지요. 나는 대단한 성취감을 느꼈습니다.

과학이란 게 이런 것이 아닐까요? 어떤 과학적 업적을 성취하기 위해서는 반드시 수많은 실패와 좌절을 거쳐야 한답니다. 또 성취한 후라고 해서 다르지 않지요. 다른 사람들에게 그 가치를 인정받기 위해서는 많은 설득과 재현이 필요한 것입니다. 내가 아는 과학자들 가운데에는 뛰어난 업적을 이루었음에도 불구하고 설득에 성공하지 못해서 다른 사람들의 인정을 받지 못한 채 잊혀져 간 사람도 있습니다. 이것은 우리 모두에게 얼마나 큰 손실인가요? 어쩌면 그 사람들의 발견은 세상을 바꿀 만한 중요한 발견일 수도 있었는데 말이지요.

나는 여러분이 장차 자기의 일에 대한 사랑과 자신에 대한 신뢰를 버리지 않는 훌륭한 과학자가 되기를 바란답니다. 오늘 수업이 여러분에게 좋은 밑거름이 될 수 있겠지요? 아, 물론 앞으로 계속될 수업은 말할 것도 없고요. 실패와 좌절을 두려워하지 않는 대담하고 훌륭한 과학자가 되어 있을 여러분의 모습을 상상하며 오늘 수업은 여기에서 마치겠습니다.

다음 시간에는 암모니아의 폭발적 수요 증가가 있었던 우울한 시기에 관해 이야기하겠습니다. 바로 인류 역사를 암울 속에 빠뜨리게 한 제1차 세계 대전을 전후한 시기이지요.

만화로 본문 읽기

선생님이 암모니아 제조법을 발견하지 않았다면 식량난으로 참 힘들었을 텐데, 정말 다행이에요. 그런데 선생님은 어떤 방법으로 암모니아를 대량으로 만드셨나요?
사실 처음엔 여러 가지 어려움이 있었어요.

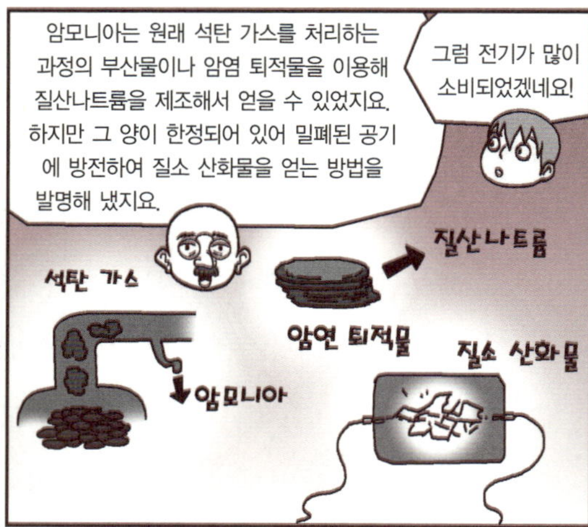
암모니아는 원래 석탄 가스를 처리하는 과정의 부산물이나 암염 퇴적물을 이용해 질산나트륨을 제조해서 얻을 수 있었지요. 하지만 그 양이 한정되어 있어 밀폐된 공기에 방전하여 질소 산화물을 얻는 방법을 발명해 냈지요.
그럼 전기가 많이 소비되었겠네요!
석탄 가스
질산나트륨
암연 퇴적물
암모니아
질소 산화물

맞아요. 이 방법은 효율성이 너무 낮았어요. 그래서 난 오스트발트라는 화학자가 성공하지 못한 촉매를 이용해 질소와 수소를 반응시켜 암모니아를 만드는 방법에 관심을 갖기 시작했습니다.
오스트발트가 실패한 실험을 선생님이 성공하셨군요!
촉매를 가지고 질소와 수소를 반응시키면 암모니아를 만들 수 있을 것 같은데….

네. 질소와 수소가 반응하여 암모니아가 만들어지는 과정을 정반응, 암모니아가 분해되어 질소와 수소로 분해되는 과정을 역반응이라고 하는데, 나는 이 두 반응이 평형 상태를 이루면 암모니아가 안정적인 상태를 유지할 수 있다는 것을 알았어요.
아~.
$\frac{1}{2}N_2 + \frac{3}{2}H_2$
정반응  역반응
$NH_3$

평형 상수를 변화시키는 요인인 온도, 압력, 촉매 등을 연구하여 550℃, 175기압 하에 오스뮴 촉매를 이용하여 전체의 약 8%의 부피에 해당하는 암모니아 기체를 얻을 수 있었습니다.
와! 드디어 성공!
평형 상수 : 화학 반응이 얼마나 잘 일어났는지를 알 수 있는 척도

네. 하지만 높은 기압이 필요하다는 이유와 오스뮴을 구하기 어렵다는 이유로 많은 어려움이 있었어요. 하지만 오스뮴 대신 우라늄을 사용하고, 꾸준한 설득으로 암모니아를 생산해 내는 데 성공하였답니다.
역시 대단하세요.
촉매 올림픽
우라늄
오스뮴
2  1  3

# 4

# 전쟁과 암모니아 그리고 화학 무기

전쟁에 사용된 암모니아 제조법이 화학 산업에 미친 영향을 알아봅시다.

# 전쟁과 암모니아 그리고 화학 무기

# 하버가 우울한 표정으로
# 네 번째 수업을 시작했다.

안녕하세요, 여러분. 오늘이 벌써 네 번째 수업이군요. 오늘 오전에는 한차례 소나기가 내렸지요? 비가 그치고 난 후에 교정을 거닐었더니 나무와 풀이 내뿜는 향기가 더욱 진하게 느껴져서 무척 기분이 좋았답니다. 이렇게 기분 좋은 향기를 맡으면서 암모니아 이야기를 한다는 게 어쩐지 어울리지 않다는 생각이 드네요. 그렇다고 암모니아 냄새를 맡으면서 암모니아 이야기를 할 수는 없겠지요? 하하하.

암모니아 냄새 이야기에 유독 민감하게 반응한 한생이 지난 수업 시간에 강의한 내용을 요약해서 이야기해 볼래요?

__ 네, 선생님. 1900년대 초에 인구 증가로 식량, 그러니까 농작물을 더욱더 많이 만들어야 했어요. 그래서 비료가 점점 더 많이 필요해지고, 비료의 원료인 암모니아 또한 많이 필요해졌습니다. 그런데 그때 기술로는 암모니아를 필요한 만큼 만들기가 너무 어려웠어요. 그래서 하버 선생님이 촉매를 이용하여 암모니아를 대량 생산할 수 있는 방법을 성공하였고, 이 방법이 성공하자 문제가 해결되었지요.

이런, 내가 내 자랑을 그렇게 많이 늘어놓았었나요? 다시 한번 말하지만 그 일은 분명 나 혼자 한 일은 아니었어요. 나보다 앞서 그러한 아이디어를 생각해 낸 과학자도 있었고, 우리 연구에 헌신적으로 참여한 연구원들도 있었지요. 또 하나는 이런 연구의 중요성을 알고 연구를 할 수 있도록 지원해 준 산업체가 있었다는 것이지요. 그러니까 이 모든 사람들의 공동 작품이라는 것입니다.

## 제1차 세계 대전과 암모니아 제조법

오늘 수업은 지난번과는 분위기가 다른 이야기로 꾸며 볼 생각입니다. 조금 슬픈 이야기로 들릴 수도 있으니 마음의 준비를 단단히 하세요.

암모니아 합성법이 대성공을 거두고 연구 성과가 잇달아 나왔기 때문에 카를스루에(독일 바덴뷔르템베르크 주에 있는 도시)에서 학자로서의 나의 영향력은 점점 커졌습니다. 그즈음, 그러니까 1911년에 나와 우리 가족은 베를린으로 거처를 옮겼습니다. 베를린에서 나의 지위는 이전에 카를스루에에서 가졌던 것과는 상대가 되지 않을 정도로 높아졌지요.

내가 베를린으로 거처를 옮기게 된 것은 당시 프러시아(지금의 독일) 제국의 황제 빌헬름 2세(Wilhelm II, 1859~1941)의 이름을 딴 '카이저 빌헬름 연구소'의 설립과 관계가 있습

니다. 나는 그때 이 연구소의 설립을 부탁 받는 동시에 연구소장의 역할을 제안 받았습니다. 그뿐만 아니라 프러시안 왕립 아카데미 회원이라는 영예와 함께 베를린 대학의 교수도 되었습니다. 과학자로서 최고의 대우와 명예를 받는 순간이었지요.

내 머릿속은 온통 우리 연구소를 유럽 최고의 이론 화학, 물리학 연구소로 만들어야겠다는 열망으로 가득 차 있었습니다. 그래서 나는 세계에서 가장 혁신적인 연구를 하고 있던 과학자들과 교류하면서 그 과학자들을 우리 연구소로 데려오기 위해 노력했지요.

현재 세계에서 가장 유명한 과학자 중 한 명인 아인슈타인(Albert Einstein, 1879~1955)을 베를린 대학으로 오게 하는 과정에서도 공을 많이 들였어요. 아인슈타인은 1909년에 카를스루에에서 열린 학술회의에서 처음 만났습니다. 1911년 브뤼셀에서 솔베이(Ernest Solvay, 1838~1922)가 개최한 학술회의에서 그 당시 프라하의 게르만 대학교의 학장을 맡고 있던 아인슈타인을 베를린으로 데려오기 위해 유명한 과학자인 플랑크(Max Planck, 1858~1947)와 네른스트(Walther Nernst, 1864~1941) 등을 동원하기도 했습니다.

1911~1914년 동안에 나는 이렇게 뛰어난 과학자들과의

활발한 교류를 통해 새로운 이론의 개발은 물론 서로에 대한 우정을 키워가며 남부러울 것 없는 연구 생활을 해 왔습니다. 그리고 1894년, 평생의 스승이었던 엥글러(Karl Engler, 1842~1925) 교수의 연구원으로 시작한 지 17년 만에 나는 독일에서 가장 유명한 과학자 가운데 한 명이 되었고, 학계와 사회에서 존경받는 유명 인사가 되었습니다.

이때까지 나는 쉬지 않고 연구에만 매진했습니다. 하지만 건강은 돌보지 않고 연구를 해 온 것에 대해서는 나도 후회가 됩니다. 너무 연구에만 열중한 나머지 나는 이런저런 건강상의 문제를 늘 가지고 있었으니까요.

피땀으로 만든 노력의 결실을 거둘 무렵, 나는 가족과 처음으로 6주간의 긴 휴가를 계획했습니다. 이 휴가는 그동안 계속되었던 나의 노력과 가족의 협력에 대한 하나의 행복한 보상이 될 것이라 믿었습니다. 하지만 내 인생이 휴식과는 거리가 너무 멀었는지, 우리는 이 평화로운 휴가를 결코 맛볼 수 없었습니다.

휴가를 계획한 지 며칠 후인 1914년 7월, 제1차 세계 대전이 발발한 것입니다. 인류 역사상 최악의 전쟁이었던 제1차 세계 대전은 오스트리아-헝가리의 왕위 계승자인 페르디난트(Franz Ferdinand, 1863~1914) 대공이 보스니아 헤르체

고비나 공화국의 수도 사라예보에서 유고슬라브 민족주의자에 의해 암살당한 데에서 비롯되었습니다. 왕자가 암살당하자 오스트리아는 즉각 세르비아 왕국에 최후통첩을 보냈습니다. 그 무렵 독일 제국과 오스트리아-헝가리 제국, 오스만 제국, 러시아 제국, 대영 제국, 프랑스 제국, 이탈리아 제국 등은 복잡한 국제 관계 속에서 각자 동맹 관계를 맺고 있었지요. 이 상황에서 독일 제국이 벨기에와 룩셈부르크, 프랑스를 침공하자 곧이어 오스트리아-헝가리는 세르비아를 침공했고, 러시아는 프러시아를 침공했습니다. 이 제국들은 모두

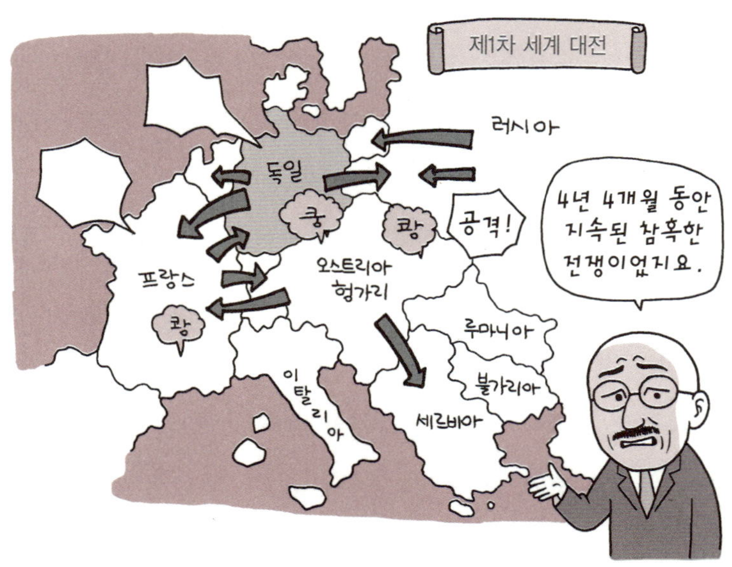

각자 자신의 식민지를 가지고 있었으므로 전쟁은 삽시간에 세계 대전으로 확대되었던 것입니다.

그 당시만 해도 모두 이 전쟁이 고작해야 몇 달이면 끝날 것으로 생각했습니다. 그러나 프랑스 방면에서 전쟁이 교착 상태(상대를 먼저 공격하지 않고, 항복하기만을 기다리는 무한 대기 상태)에 이르고, 러시아의 프러시아 침공으로 독일 제국의 동쪽이 봉쇄되면서 이 전쟁은 장기전으로 접어들게 됩니다.

전쟁의 이유나 정당성에 대해서는 각 나라의 상황에 따라 서로 다르게 생각할 수 있으므로 내가 자세한 이야기를 할 필요가 없을 것 같습니다. 어떠한 전쟁이든 결국은 매우 큰 고통과 크나큰 손실, 그리고 비극과 슬픔을 남긴다는 것을 그들이 몰랐을 리 없었을 테니까요.

하지만 막상 전쟁이 터진 상황에서는 사람들이 이성 대신 맹목적인 집단적 광기에 사로잡히게 된다는 사실을 우리는 그 후에 교훈으로 깨닫게 됩니다. 그 당시의 국민들은 애국심을 바탕으로 전쟁에 참여했고, 인문 사회학자들은 이 전쟁의 정당성을 주장했습니다. 나와 같은 자연 과학자들도 그 당시에는 독일의 입장을 옹호하였지요. 이 최악의 전쟁이 장기전에 돌입하게 될 것이라는 불안한 전망이 현실이 되자 전쟁 물자의 조달이 큰 문제로 대두되었습니다. 그래서 대부분

의 과학자들과 산업 시설들이 무역로가 봉쇄되어 수입이 어려워졌을 때를 대비하여 군수 물자를 대체하기 위한 원료 개발과 생산에 차출되거나 동원되었습니다.

가장 큰 문제 중에 하나는 폭약을 만드는 재료인 질산염의 절대적 부족이었습니다. 국가는 나와 또 다른 과학자인 피셔(Emile Fischer, 1852~1919)에게 이 문제의 해결을 명령했습니다. 또한 우리 연구소는 질산염 생산에 관한 연구의 책임을 맡게 되었습니다. 한때 유럽에서 가장 뛰어난 화학, 물리학 연구를 하던 우리 연구소는 전쟁 동안에 폭약의 원료가 되는 질산염 합성은 물론, 더욱 무서운 화약의 조제를 연구하는 곳으로 전락했습니다. 그리고 나는 이 연구소의 총 책임을 맡게 되었지요.

이것은 전쟁이라는 특수하고 비정상적인 상황에서 벌어진 일이었습니다. 나에게 주어진 새로운 역할에 대해 깊게 생각할 틈이 없었지요. 절반은 전쟁을 겪고 있는 나라의 명령으로, 절반은 자발적인 애국심으로, 돌이켜 보면 과학자가 아닌 군인의 역할을 한 것이지요.

그때 나는 예전에 오스트발트가 신문에 썼던 '질소 화합물의 가치는 전쟁 시와 평화 시 모두에 매우 중요하다' 라는 기사 글이 기억나더군요. 나는 전쟁에 필요한 암모니아를 만들면서도 농사에 필요한 화학 비료를 생산하는 연구를 한시도 게을리하지 않았습니다.

__ 그러면 원래 연구했던 암모니아 제조법이 전쟁 때에는 갑자기 더욱 많이 필요하게 되었겠군요.

유감스럽게도 그렇습니다. 결국 내가 개발한 암모니아 제조법은 독일 제국에 물자 수입 통로가 봉쇄된 상황에서도 1918년까지 무려 4년간이나 전쟁을 수행할 수 있었던 원인이 되었지요.

__ 정말 슬픈 일이네요. 전쟁이 없어져서 선생님이 개발한 방법이 온 세계 사람들을 위한 화학 비료 생산에만 사용될 수

있었다면 얼마나 좋았을까요?

맞는 말입니다. 나는 그렇게 되기를 무척이나 바랐답니다.



다른 이야기를 하나 더 할게요. 여러분, 화학 무기라는 것을 들어 봤나요?

__ 화학적 현상을 전쟁에 사용하는 것인가요?

그렇지요. 간단하게 말하면 인체에 해로운 화합물을 전쟁에 무기로 사용하는 것입니다. 화학 무기의 기원은 기원전 기록에서 포위된 적군에게 물, 음식, 공기에 독을 타는 병법에도 나타나 있듯이 매우 오래된 것입니다. 미국의 남북 전쟁 때는 염소 가스를 채운 폭탄을 사용하기도 했고요. 이런 것을 모두 화학 무기라고 할 수 있습니다.

화학 무기는 적군의 눈, 피부 등을 아프게 하거나 호흡을 곤란하게 해서 전투력을 감소시키고 전쟁의 의지를 꺾는 효과가 있지요. 전쟁 당시에 국가가 내게 명령한 임무 중의 다른 하나가 바로 화학 무기의 개발이었습니다. 왜냐하면 전쟁 초기부터 상대편 군대가 우리보다 강한 화력을 가지고 있는 것이 확인되었기 때문입니다. 우리로서는 적군의 전투력을 약화시키는 것이 매우 중요해졌지요. 불명예스럽게도 이 때문에 나는 화학 무기의 창시자라는 무서운 오명을 쓰게 되었답니다. 나도 이러한 호칭은 싫지만 그때 내가 했던 일을 부인하지는 않겠습니다.

그때 나처럼 전쟁에 동원된 과학자들이 속속 나에게 보내졌습니다. 나와 함께 연구에 참여한 과학자들 중에는 한(Otto Hahn, 1879~1968; 훗날 원자핵 분열에 대한 연구로 노벨 화학상 수상), 프랑크(James Franck, 1882~1964; 훗날 프랑크-헤르츠의 실험으로 노벨 물리학상 수상), 가이거(Hans Geiger, 1882~1945; 가이거-뮬러 카운터 개발자) 등이 있었지

요. 나뿐만 아니라 이 과학자들 모두가 전쟁의 참상을 겪고 나라의 명령에 따를 수밖에 없었던 사람들입니다.

화학 무기의 개발과 도입 초기에는 공격용 무기의 일환으로 주로 사용되다가 점차 방어용 무기로 사용되었습니다. 방어용 무기로서의 중요성이 증가함에 따라 아군을 화학 무기로부터 보호하는 보호 장구의 중요성이 자연스럽게 커지게 되었지요. 화학 무기 보호 장구는 광산 등에서 사용해 온 마스크의 형태에 산소 실린더와 호흡관, 탄산칼륨 카트리지가 연결된 형태에 초기의 1단 공기 필터에서 3단 공기 필터로 진화하는 등 눈에 띄게 발전했습니다. 창이 발달할수록 방패가 함께 발달하는 것과 같은 이치라 할 수 있지요.

___ 그때 만들어진 화학 무기는 어떤 화합물을 이용한 것인가요?

아주 많은 화합물이 사용되었지요. 포스젠(phosgene; $COCl_2$), 클로로피크린(chloropicrin; $Cl_3CNO_2$) 같은 것이 사용되었습니다. 향긋한 냄새가 나는 포스젠은 지금은 의약품 합성에 많이 사용되는 구조이고, 클로로피크린은 연무식 살충제나 살선충제(nematocide)로 사용되는 강력한 독성 화합물입니다.

또 겨자 가스(mustard gas)라고 불리는 화합물은 피부에 직접 닿으면 물집을 만드는 화학 무기입니다. 종달새라는 뜻의 화학 무기 클라크 I (Diphenylchloroarsine; $(C_6H_5)_2AsCl$)과 클라크 II (Diphenylcyanoarsine; $(C_6H_5)_2AsCN$)는 마늘 냄새를 풍기는데, 이것을 흡입하면 구토와 두통에 시달리게 됩니다.

제1차 세계 대전 때 전쟁에 도입되기 시작한 화학 무기들은 그 후 제2차 세계 대전을 거치면서 어마어마한 양이 생산되었고, 아직도 엄청난 양의 화학 탄두가 여러 나라의 무기고에 보관되어 있답니다.

이런 화학 무기들은 더 이상 쓰여서도 안 될 것이고 쓸 이유도 없어야 합니다. 그래서 현재 화학 무기를 보유한 국가들은 이러한 무기들을 점차 폐기 처리하고 있습니다. 다행스러운 일이지요.

＿ 과학자들의 발견이 사람들에게 이로운 역할을 하기도 하지만 잘못된 용도나 나쁜 의도로 사용될 때는 정말 불행한 일이 벌어지기도 하네요.

학생이 오늘 내가 여러분들에게 하고픈 이야기를 해 주었군요. 과학자들은 새로운 물질, 새로운 실험, 새로운 이론을 만들어 냅니다. 대부분의 과학자는 순수한 지적 호기심, 과학적 탐구심을 갖고 열정적으로 자기 일에 몰두합니다. 과학

자들은 정치가도 아니고, 은행가도 아닙니다. 그러므로 자신이 만든 업적, 발견에 대해 어떠한 정치적, 경제적 가치를 부여하기보다는 문제 해결에 대해 만족하며 또 다른 미지의 문제를 찾아 나서지요.

## 화학과 산업

화학은 우리가 느끼는 것보다 우리 생활에 아주 가까이 있습니다. 화학자의 발견, 개발 등의 활동이 있고 나면 산업은 이것을 유심히 관찰하지요. 경제적인 쓸모가 있는지를 가늠하는 것입니다. 만일 아주 쓸모 있고, 돈이 될 만한 것이 있으면 곧 그것을 제품으로 만들거나 다른 제품에 포함시켜 시장에 내놓습니다. 사람들은 돈을 소비하여 제품을 구매하는 대신 편리성이란 이득을 얻게 됩니다.

이러한 것은 생각보다 많습니다. 우리가 입고 있는 옷과 먹는 음식들에 혼합된 식용품들, 여러분이 자고 쉬는 집을 구성하는 수많은 재료들, 주머니에 들어 있는 휴대 전화 등 화학제품을 일일이 헤아리자면 끝이 없답니다. 지금 이 순간에도 새로운 화합물들이 시장에서 소비되기를 기다리며 계속

해서 만들어지고 있을 테니까요.

그런데 이러한 유용성이 실생활이 아닌 전쟁과 같은 상황에서는 어떻게 해석될까요? 이성이 마비된 전쟁과 같은 혼란 상황에서 가장 유용한 물건은 자기를 보호하거나, 아니면 남을 해치는 물건이 될 것입니다. 필요와 수요가 있다면 공급을 하는 것이 산업의 속성이지요.

그리고 내가 겪었던 세계 대전과 마찬가지로 국가적 위기 상황에서 이러한 산업은 종종 국가에 강제로 귀속되어 효율적으로 명령에 따라 기능을 수행하게 된답니다. 화학 무기를 다시 생각해 보세요. 같은 화합물이 전쟁 때는 사람을 해치

는 무서운 무기가 되지만 평화 시에는 사람의 건강을 지켜 주는 약품이 되기도 합니다. 누군가 약품으로 사용하기 위하여 이 화합물을 개발하였다고 하더라도 전혀 다른 의도로 사용될 수도 있다는 것을 우리는 인류 역사를 통해 여러 차례 경험했습니다.

＿ 선생님, 사람을 이롭게 하기 위해 만들어진 물건이 사람을 해치는 데에도 사용될 수 있다면 사람을 이롭게 하는 화학 제품을 만드는 것을 그만두어야 할까요? 조금 혼란스러워지는걸요.

혼란스러울 수밖에 없지요. 여러분만 혼란스러운 것은 아닐 겁니다. 나와 같은 과학자들 모두 언제든 이런 실수를 저지를 수 있는 인간이기 때문이지요. 그렇기 때문에 역사를

통해 교훈을 배우고 이러한 실수를 되풀이하지 않기 위해 노력을 해야 하는 것입니다. 아마 제1차 세계 대전 때 내가 저지른 큰 실수로부터 후대의 많은 과학자들이 큰 교훈을 얻었을 것입니다.

1918년 나의 조국 독일은 패전국이 되었고, 패전국의 중요한 인물이었던 나는 전쟁 범죄인 리스트에 기록되기도 했습니다. 그러나 이러한 정치적 상황에서도 나의 과학자로서의 업적은 전 세계적으로 인정받아 전쟁에서 패한 그해 노벨 화학상을 수상했습니다. 그리고 2년이 지난 1920년에 내 이름은 전쟁 범죄인 리스트에서 삭제되었습니다.

전쟁이 끝난 후 돌아온 베를린은 상황이 무척 어려웠습니다. 나는 연구소의 연구원들을 다시 불러 모으고 이전과 같은 열정으로 연구에 몰입하고자 했습니다. 그러나 안타깝게도 몸과 마음이 병과 우울증으로 소진되어 있었습니다. 나는 내가 가장 하고 싶어 했던 과학적 연구로 돌아가 사람들을 행복하게 하고 싶었습니다.

__ 선생님의 불행했던 이야기는 이제 다시는 되풀이되지 않겠지요?

나도 그러기를 진심으로 바랐습니다. 하지만 그로부터 불과 21년 후에 벌어진 제2차 세계 대전 때 이러한 일이 되풀

이된 바 있습니다. 이때는 아인슈타인도 원자 폭탄의 개발을 열심히 주장했지요. 베테(Hans Bethe, 1906~2005; 1967년 노벨 물리학상 수상), 페르미(Enrico Fermi, 1901~1954; 1938년 노벨 물리학상 수상), 콤프턴(Arthur Compton, 1892~1962; 1927년 노벨 물리학상 수상) 같은 여러 노벨상 수상자들이 원자 폭탄 개발을 주도하기도 했습니다.

두 차례의 세계 대전은 많은 사람에게 엄청난 비극과 상처를 가져왔을 뿐만 아니라 인류의 문명과 이성에 대한 우리의 믿음을 크게 흔들어 놓았습니다. 문명과 야만을 오가는 극한 상황을 겪으며 우리들이 불완전한 존재라는 자각과 반성이 있은 후에야 이전보다 더욱 성숙한 문화를 가질 수 있게 된 것입니다.

나는 과학자들이 끊임없이 인류의 번영을 위해 노력할 것이라고 믿고 있습니다. 단지 이전보다 더욱 신중하고 책임 있는 자세를 가지고 말입니다. 오늘은 우울한 이야기를 많이 했네요. 나의 실수도, 우울한 역사도 여러분에게는 좋은 교훈이 될 수 있었으면 좋겠습니다. 오늘 수업은 여기서 마치겠습니다.

### 화학 무기

화학 무기란 전쟁에서 적군의 생명이나 전투력을 빼앗기 위한 목적으로 개발된 물질로, 화합물 자체가 가지는 강력한 독성을 이용하기 때문에 폭발력을 가질 필요가 없어 다른 재래 무기나 핵무기와 구별된다. 화학 무기는 기술의 선악의 측면을 잘 보여 주는데, 많은 화학 무기 중에는 무기로서만이 아니라 산업에 유용하게 사용되는 화합물이 있다. 화학 무기는 인체에서 나타내는 독성에 따라 환각이나 신경 마비를 일으키는 신경제, 호흡을 못하게 하는 질식제, 피부에 수포 등을 만드는 발포제, 눈을 따갑게 하거나 시력을 잃게 하는 최루제, 말초 신경계를 마비시키는 무기력제 등으로 구분할 수 있다. 어떤 화학 무기들은 인체뿐만 아니라 환경에도 해롭다. 예를 들어 1951년에 무기력제로 개발된 '3-퀴뉴크리디닐 벤질레이트'는 토양과 물에서 아주 안정하여 쉽게 사라지지 않는다.

화학 무기는 군인과 민간인을 가리지 않고 큰 피해를 주며, 환경을 크게 오염시키는 비도덕적 물질임에도 불구하고, 적은 비용으로 개발이 가능하여 호전적인 국가들은 전략적으로 많은 화학 무기를 개발하고 비축하였다. 그러므로 1990년대에 160여 국가들이 화학 무기의 개발, 생산, 보관, 사용을 금지하는 조약(화학 무기 조약)을 체결하였다. 이 조약은 화학 무기 금지 기구(OPCW)에 의해 감시, 시행되고 있다. 이러한 국제적 협력 속에서 2010년에 전 세계 화학 무기의 60% 이상이 폐기되었다.

만화로 본문 읽기

선생님, 이건 언제 찍은 사진인가요? 굉장히 멋지네요.
하하, 그건 내가 암모니아 합성법 성공 이후 카이저 빌헬름 연구 소장, 프러시안 왕립 아카데미 회원이라는 영예와 베를린 대학의 교수직까지 맡았던 시절의 사진이에요.

굉장하셨군요.
네, 그랬지요. 하지만 그 행복도 오래가진 못했어요. 제1차 세계 대전 발발 이후 우리 연구소는 폭약의 원료가 되는 질산염 합성은 물론, 무서운 화약 무기를 연구하는 곳으로 전락해 버렸으니까요.
세 계 대 전
화학 무기

화학 무기가 뭐예요?
화학 무기란 인체에 해로운 화합물을 전쟁에 무기로 사용하는 것입니다. 나와 동료들은 나라의 명령을 받아 많은 화학 무기를 만들게 되었고, 결국 난 화학 무기의 창시자라는 무서운 오명도 쓰게 되었답니다.
저 사람이 화학 무기의 창시자야.

그 후 화학 무기는 공격용 무기로 사용되다가 점차 방어용 무기로 사용되었지요. 이때 많은 화학 무기뿐 아니라 화학적 보호 장구들도 눈부신 발전을 이루게 되었답니다.
전쟁 때문에 화학 산업이 발전하게 된 거군요.
어떤 화학 가스도 끄떡없다고.

그렇지요. 화학 무기를 생각해 보면 같은 화합물도 전쟁에선 무서운 무기가 되지만 평화 시엔 건강을 지켜 주는 약품이 되기도 하잖아요.
그럼 선생님, 사람을 해칠 수 있는 화학제품 만드는 것을 그만두어야 할까요?
암모니아
화학 무기
화학 비료

아니요. 화학제품을 뺀 의식주는 상상도 할 수도 없지요. 다만 과거의 일을 교훈 삼아 후대의 과학자들이 과학적 업적을 악용하지 않도록 해야 할 겁니다.
그렇군요. 미래 과학자인 저도 명심할게요!
의
식
주

# 본-하버 순환도

본과 하버가 개발한 본-하버 순환도에 대해 알아봅시다.

# 본-하버 순환도

하버가 비장한 표정으로
다섯 번째 수업을 시작했다.

안녕하세요, 여러분? 지난 시간에 수업 시간 내내 우울하고 슬픈 이야기만 해서 갑자기 미안한 생각이 드는군요. 조금 늦었지만 사과하겠습니다. 지난 시간의 안 좋은 기억을 만회하기 위해서라도 오늘은 더 열심히 수업을 해야겠군요. 그럼 활기차게 시작해 볼까요?

오늘은 본-하버 순환도라는 내용을 배워 볼 텐데요. 하버는 나의 이름이고, 본은 누구일까요? 아리송하지요? 하하하. 이제부터 차근차근 설명할 테니 잘 들어 보세요.

## 분자와 원자 그리고 원소

기본 내용부터 알아봅시다. 여러분, 화합물이 무엇인지 설명할 수 있나요?

＿ 두 가지 이상의 물질이 말 그대로 화합해서 만들어진 물질을 말하는 것 같아요.

네, 맞습니다. 화합물이란 종류가 같거나 다른 원소 2개 이상이 결합하여 만들어진 새로운 물질을 말합니다. 여기서 새로운 물질이란 원소의 성질을 전혀 갖지 않는 물질이라는 뜻이지요. 그렇다면 하나 더 질문할게요. 분자, 원자, 원소가 각각 무엇인지 설명해 볼까요?

＿ 분자는 물질의 성질을 가지는 가장 작은 단위예요. 그런데 선생님, 분자는 설명하기가 쉬운데, 원자와 원소를 구분해서 설명하는 것이 어려워요. 원자나 원소가 무언가 기본적인 물질을 말하는 것 같긴 한데…….

그렇군요. 분자는 설명이 쉬운 데 반해 원자와 원소는 한마디로 정의하기가 쉽지 않다는 얘기군요. 많은 학생들이 여러분과 같은 고민을 한답니다. 사실 배우지 않은 내용은 아닌데 또 막상 설명을 하려고 하면 또 헷갈리는 부분이지요. 그래서 나도 고민을 많이 했답니다. 어떻게 하면 여러분에게 원자와 원소의 개념을 정확하게 설명할 수 있을까 하고요.

그래서 나는 설명의 도구로 우리에게 없어서는 안 될 물을 선택했습니다. 여기 컵에 물이 가득 들어 있습니다. 손가락에 물을 묻혀 볼게요. 컵에 들어 있는 물에 비해 적은 양의 물이 내 손가락에 묻어 있지요. 컵에 들어 있는 물이나 손가락에 묻어 있는 물이나 근본적으로 같은 물입니다. 그럼 손가락을 튕겨 볼게요. 아주 작은 물방울이 되어 흩어지네요. 아주 작은 물방울 속에는 무엇이 들어 있을까요?

＿ 물이 들어 있지요.

작아서 우리 눈에는 잘 보이지 않지만 여전히 물인 것은 확실하지요. 이 작은 물방울보다 더 작은 물방울을 만들어도 역시 물인 것임에는 변함이 없습니다. 시간이 지나자 손가락 끝에 묻어 있던 물방울이 사라졌습니다. 물은 어디로 사라진 걸까요?

＿ 사라진 게 아니라 기체로 변한거지요. 기체가 되었기 때문에 보이지는 않지만요.

그렇지요. 물은 사라진 게 아니라 기체로 상태가 변한 것이지요. 액체인 물이 증발해서 눈에 보이지 않는 양만큼의 기체가 만들어지는 것입니다.

기체 상태의 물 조각들은 붙어 있지 않고 모두 서로 떨어져

있습니다. 이제부터는 물을 더 작은 조각으로 나눌 수가 없어집니다. 이렇게 더 이상 나눌 수 없게 된 조각을 물의 분자라고 합니다.

＿ 그렇다면 우리 눈에 보이지는 않지만 우리 주변에 아주 많은 분자들이 있겠네요!

그럼요. 우리 주변의 모든 기체를 분자 상태에 있다고 생각해도 될 겁니다. 눈에 보이지 않지만 산소 분자, 질소 분자, 물 분자 등이 공기 중에 가득 있지요.

이제 원자를 이야기해 볼까요? 분자 상태의 물은 더 이상 나눌 수 없다고 했지만, 사실 더 작은 조각으로 나누는 것이

불가능하지는 않습니다. 하지만 이보다 더 작은 물을 만들 수는 없습니다. 다시 말해 물 분자가 물로써는 가장 작은 조각이라는 것이지요. 더 작게 쪼개면 이제는 물의 성질을 전혀 갖지 않는 다른 조각들로 나누어집니다.

__ 가장 작은 물을 더 쪼개면 이제는 물이 아니다? 좀 아리송하네요.

자동차를 생각해 볼까요? 낡아서 더 이상 쓸 수 없는 자동차는 폐차장으로 보내지지요. 폐차장에서는 엔진을 떼어 내고, 문틀도 떼어 내고, 유리도 따로 떼어 낸 후에 자동차를 납작하게 압축시킵니다. 떼어 낸 엔진이나 문틀을 보면 이것이 자동차에서 나온 것이라는 사실을 금방 알 수 있지요. 하지만 쓸모 있는 금속들을 잘게 잘라 내고 녹여서 종류별로 알루미늄 덩어리, 강철 덩어리 등으로 만들어 놓으면 누구도 이 덩어리나 조각들이 자동차였다는 것을 알 수 없지요.

이렇게 분해한 것들로 음료수 캔도 만들 수도 있고, 커다란 배를 만드는 재료로도 사용될 수도 있습니다. 이렇듯 자동차를 분해하고 난 후 더 이상 자동차의 성질을 갖지 못하게 된 물질을 원자에 비유할 수 있습니다. 원자는 자기만의 특성을 가지고 있어서 다른 조각과 구별할 수 있지요.

하나의 물 분자를 더 분해하면 산소 원자 1개와 수소 원자

2개로 나누어집니다. 자동차를 분해할 때 큰 힘이 필요하듯 분자를 원자로 나누는 데에도 큰 에너지가 필요합니다. 왜냐하면 산소 원자와 수소 원자들이 떨어져 있는 것보다 서로 단단히 붙어 있기를 더 좋아하기 때문이지요.

한편 자동차의 부품이 캔이나 배를 만들듯이 산소 원자도 2개가 결합하여 우리가 호흡할 때 필요한 산소 분자를 만들기도 하고, 수소 원자 2개가 결합하여 수소 분자를 만들기도 합니다. 그러니까 공통적인 원자들이 서로 조합하여 전혀 다른 성질의 분자들을 만들기도 한다는 것이지요. 이 외에도 산소 원자와 수소 원자가 만들어 낼 수 있는 분자의 종류는

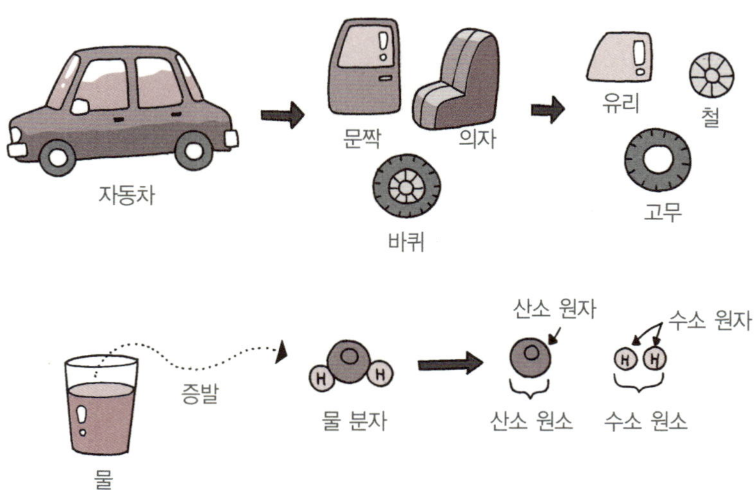

무수히 많습니다.

원자들은 결합이라는 현상으로 서로 합쳐집니다. 이 결합은 아무렇게나 생기는 것이 아닙니다. 원자들의 고유한 성질에 따라 규칙적으로 만들어지지요. 각각의 원자들은 고유한 질량과 크기, 모양과 결합 성질을 갖습니다. 이러한 원자의 특성은 원자를 이루는 더 작은 조각인 양성자, 중성자, 전자의 수에 따라 달라집니다.

고유한 특성이 같은 원자들, 즉 어떤 순수한 원자들의 모임을 원소라고 합니다. 원자는 이 원소들의 각각의 입자입니다. 지금까지 118개의 서로 다른 고유한 특성을 갖는 원소들이 발견되었지요.

## 화학 결합과 에너지의 출입

원자들은 서로 결합해서 분자를 만들 수 있고, 분자는 원자들로 나누어질 수 있습니다. 그런데 보통의 경우 원자는 홀로 있는 것보다 다른 원자와 결합해서 분자를 이루고 있는 것이 안정합니다. 안정하다는 것은 그 상태를 더 좋아한다는 뜻입니다. 그래서 분자를 원자로 분해할 때는 억지로 떼어

내야 하지요.

억지로 원자를 떼어 낼 때 에너지가 필요합니다. 반대로 원자가 모여 분자를 형성할 때는 에너지를 방출하지요. 이렇게 원자가 서로 결합하거나 분해되는 화학 변화에는 반드시 에너지가 투입되거나 방출됩니다.

화학 반응은 원자들 간의 매우 특이적인 결합이고, 특정 반응에서 출입하는 에너지는 화학 반응의 고유한 성질 중 하나입니다. 화학 반응에서 여러 가지 형태로 전환되는 에너지를 연구하고, 열의 흐름과 상태 변화를 탐구하는 학문을 열역학이라고 합니다.

밀폐된 계(경계나 수학적 제약으로 정의된 실제 또는 상상의 공간)에서 에너지는 열, 일 등의 형태로 전환되지만 총 에너지의 양은 변하지 않습니다. 일정한 압력의 밀폐된 계에서 일어나는 화학 반응의 에너지 흐름 혹은 에너지의 전달을 계산하는 데 엔탈피(enthalpy)라는 용어를 사용합니다. 어떤 계 안에 있는 입자들은 내부 에너지를 갖습니다. 계에서 어떠한 변화가 생기면 내부 에너지는 변합니다. 엔탈피($H$)는 다음과 같이 정의할 수 있습니다.

$$H = U + pV$$

$$(U = \text{내부 에너지}, \ p = \text{압력}, \ V = \text{부피}, \ pV = \text{일})$$

압력이 같은 다른 계에서 어떤 기체가 팽창할 때, 엔탈피 변화($\Delta H$)는 다음과 같이 계산됩니다.

$$\Delta H = \Delta U + \Delta(pV)$$

제1차 세계 대전이 끝난 직후인 1919년부터 나는, 괴팅겐 대학교에서 베를린 대학교로 옮겨온 본(Max Born, 1882~1970; 1954년 노벨 물리학상 수상)이라는 젊고 쾌활한 과학자와 교류했습니다. 본은 결정의 구조와 작용하는 힘에 대해 많은 관심을 가지고 있었습니다. 본은 이미 란데(Alfred Landé, 1888~1975)라는 연구원과 함께 '본-란데 방정식' 으로 잘 알려진 이온성 화합물의 격자 에너지 방정식을 발표한 바 있습니다.

그는 격자 에너지 값을 반대로 대전(전기를 띠지 않는 물질이 전기를 띠게 되는 현상)된 이온 입자들 간의 정전기적 에너지와 같은 종류의 전하 간의 반발 에너지로부터 얻을 수 있다고 생각했습니다.

전쟁 후의 어려웠던 환경에서도 나는 본 박사와 자주 이온 화합물의 격자 에너지에 관해 아이디어를 나누는 것을 무척 즐겼습니다. 하지만 그가 주장했던 격자 에너지의 이론은 그 당시로서는 실험적으로 증명할 방법이 없었습니다.

## 헤스의 법칙

러시아인 화학자 헤스(Germain Hess, 1802~1850)는 일찍이 화학 반응에서의 열역학을 연구한 사람입니다. 헤스의 연구는 나중에 열역학 제1법칙의 기초가 되었습니다.

헤스는 어떠한 화학적, 물리적 변화에서 발생하는 에너지 변화는 그 과정이 끝날 때까지 거치게 되는 단계들의 종류와 수에 관계없이 반응 전과 후의 에너지 차이와 같다고 하는 헤스의 법칙을 발표했습니다. 쉽게 말해, 반응의 초기 에너지와 반응의 끝의 에너지가 중요할 뿐, 중간에 거치게 되는 경로와는 무관하다는 뜻이지요.

이것은 복잡한 경로를 갖는 반응의 에너지 측정에서 매우 유용하게 사용될 수 있습니다. 예를 들어 볼게요. 어떤 반응이 세 단계를 거쳐 반응이 종료된다고 합시다.

이 반응의 엔탈피 변화는 반응 종료 후의 에너지와 반응 초기의 에너지의 차이로 나타납니다. 전체 반응을 이루는 세 개의 개별 단계들은 각각 부분적 엔탈피 변화를 가지겠지요. 그러면 전체 반응의 엔탈피 변화는 세 개의 개별 단계들의 엔탈피 변화의 총합과 정확히 일치합니다. 이들 개별 엔탈피 변화 중 어떤 것이 실험적으로 측정 불가능한 단계가 있을 수도 있습니다. 하지만 전체 반응의 엔탈피 변화가 개별 단계 반응의 엔탈피 변화의 총합과 등식이 성립하므로 산술적인 계산이 가능하게 됩니다.

또한 헤스의 법칙은 한 종류가 아니라 여러 종류의 반응들이 포함된 전체 반응의 경우에도 쉽게 에너지의 흐름을 알아낼 수 있게 합니다. 전체 반응에 포함된 모든 반응, 모든 단계는 각 개별 반응, 개별 단계의 엔탈피 변화를 갖습니다. 그러므로 전체 반응의 엔탈피 변화는 개별 생성물의 엔탈피 변

화의 총합과 개별 반응물의 엔탈피 변화의 총합과 일치합니다. 이것을 다음과 같이 나타낼 수 있지요.

$$\Delta H^0_{reaction} = \sum \Delta H^0_{f(products)} - \sum \Delta H^0_{f(reactants)}$$
$$(\Delta H^0_{reaction} = 반응의\ 표준\ 엔탈피\ 변화,$$
$$\Delta H^0_{f(products)} = 생성물의\ 표준\ 생성열,$$
$$\Delta H^0_{f(reactants)} = 반응물의\ 표준\ 생성열)$$

내가 지금 헤스의 열역학적 정의를 말한 이유는 당시에 본의 격자 에너지 이론을 실험적으로 증명할 수 없었던 문제를 헤스의 법칙을 이용하여 해결하였기 때문입니다. 공유 결합 화합물의 경우 결합을 깨뜨리면서 여기에 소요되는 에너지를 측정하는 것이 가능합니다.

예를 들어 $HCl(g) \rightarrow H(g) + Cl(g)$의 화학 변화에서는 정해진 수의 원자들이 단순히 결합을 이루거나 결합이 분해되는 과정만이 포함됩니다. 그러나 이온성 화합물의 경우는 이렇게 직접적 반응이 아니고 복잡한 단계가 포함됩니다.

나는 이온성 화합물의 생성에 포함되는 모든 반응의 단계를 나누어 생각하는 것이 유용하다는 것을 알았습니다. 어떤 이온성 화합물이 만들어지는 과정을 대략적으로 정리하면 다음과 같습니다.

표준 상태의 원소

↓ ①

기체 상태 원자

↓ ②

기체 상태 이온

↓ ③

이온성 화합물


여기서 ①과 ② 과정의 에너지는 실험으로 측정이 가능합니다. 하지만 ③은 측정이 불가능하지요. 그런데 전체 반응 간의 에너지(생성열)는 측정이 가능합니다.

표준 상태의 원소

↓

이온성 화합물


헤스의 법칙을 적용하면 ①, ②, ③에서 출입되는 에너지의

총합은 전체 반응의 생성열과 같아야 하므로 ③ 단계의 에너지를 계산하는 것이 가능해지지요.

이것을 생각하는 것은 쉽지만 각 단계를 분해하여 생각하는 것은 쉽지 않습니다. 이온성 화합물은 2개 이상의 원소로 구성됩니다. 각 원소는 순서대로 기체 상태 원자, 기체 상태 이온으로 전환되어야 합니다.

예를 들어 나트륨 원소(표준 상태에서 고체)가 기체 상태의 나트륨 이온으로 전환되는 과정을 살펴볼까요? 나트륨 고체

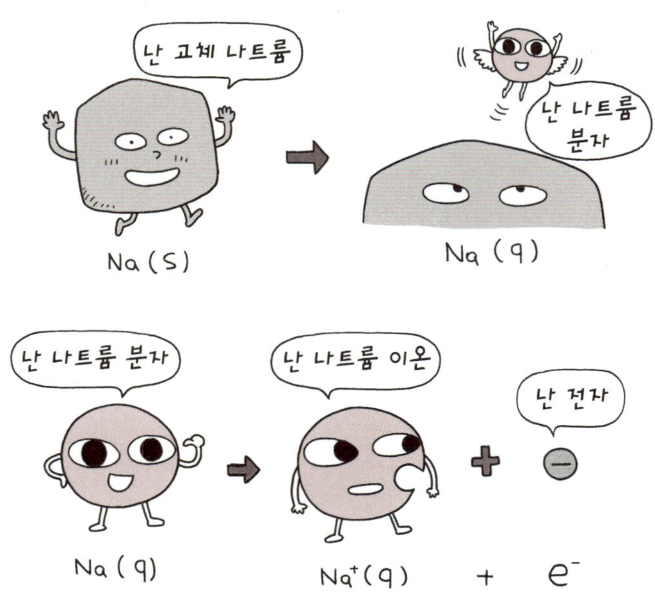

가 기체 상태로 승화(고체가 액체를 거치지 않고 바로 기체로 상태가 변하는 것)된 후에 나트륨 기체에서 전자 하나를 떼어 내어 나트륨 이온($Na^+$)이 되지요.

또 다른 원소인 염소를 생각해 볼게요. 비금속 원소는 보통 공유 결합 상태로 있습니다. 이것이 염화 이온 상태까지 전환되려면 다음의 단계들을 거치게 됩니다[단, S는 고체(solid), l은 액체(liquid), g는 기체(gas)를 뜻한다].

$$Cl_2(g) \rightarrow 2Cl(g)$$        ······ 기체 염소 분자가 기체 염소 원자로 나누어짐.

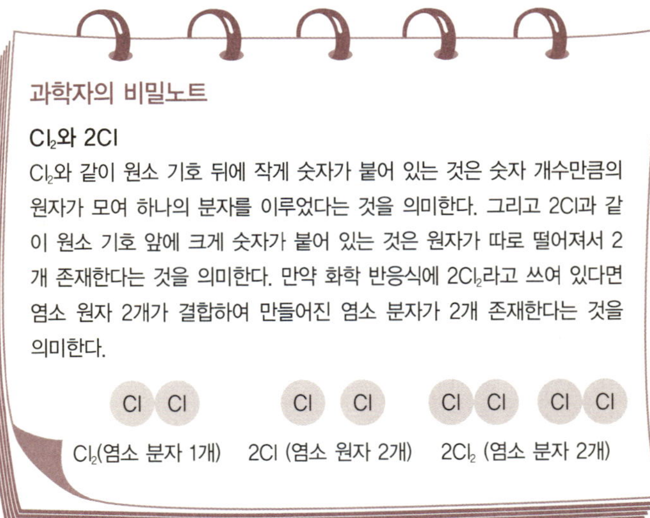

### 과학자의 비밀노트

**$Cl_2$와 2Cl**

$Cl_2$와 같이 원소 기호 뒤에 작게 숫자가 붙어 있는 것은 숫자 개수만큼의 원자가 모여 하나의 분자를 이루었다는 것을 의미한다. 그리고 2Cl과 같이 원소 기호 앞에 크게 숫자가 붙어 있는 것은 원자가 따로 떨어져서 2개 존재한다는 것을 의미한다. 만약 화학 반응식에 $2Cl_2$라고 쓰여 있다면 염소 원자 2개가 결합하여 만들어진 염소 분자가 2개 존재한다는 것을 의미한다.

$$Cl(g) + e^- \rightarrow Cl^-(g)$$ …… 기체 염소 원자에서 전자를 받아서 염화 이온이 됨.

그리고 나트륨과 염소가 모두 기체 상태의 이온이 되고 나면 다음과 같은 반응이 일어나지요.

$$Na^+(g) + Cl^-(g) \rightarrow NaCl(s)$$

때로는 표준 상태에서 원소의 상태에 따라, 또는 이온화되는 정도에 따라 다른 에너지가 더 필요하게 됩니다. 칼슘을 예를 들면 다음과 같이 나타낼 수 있습니다.

$$Ca(s) \rightarrow Ca(g)$$ …… 칼슘 고체가 칼슘 기체로 승화함.

$$Ca(g) \rightarrow Ca^+(g) + e^-$$ …… 칼슘 기체에서 첫 번째 전자를 떼어 냄.

$$Ca^+(g) \rightarrow Ca^{2+} + e^-$$ …… 칼슘 이온에서 두 번째 전자를 떼어 냄.

또 다른 원소인 브로민을 생각해 볼까요?

$$Br_2(l) \rightarrow Br_2(g)$$ ······ 액체 브로민 분자가 기체 브로민 분자로 전환됨.

$$Br_2(g) \rightarrow 2Br(g)$$ ······ 기체 브로민 분자가 2개의 브로민 원자로 전환됨.

$$Br(g)+e^- \rightarrow Br^-(g)$$ ······ 기체 브로민 원자가 전자를 얻어서 브로민 이온으로 전환됨.

이렇게 만들어진 칼슘 이온과 브로민 이온은 이온성 화합물인 브로민화칼슘을 만들 수 있습니다.

$$Ca^{2+}(g)+2Br^-(g) \rightarrow CaBr_2(s)$$

이제 각각의 반응에서 사용되는 에너지를 알아내는 과정을 설명할게요.

첫 번째, 표준 상태에서 고체 상태인 원소나 분자가 기체로 바뀌어야 합니다. 이 과정에 필요한 에너지를 승화열이라고 합니다.

두 번째, 표준 상태에서 액체 상태인 원소나 분자를 기체로 바뀌어야 합니다. 이것을 기화열이라고 합니다.

세 번째, 기체 분자 안에 있는 공유 결합이 깨져서 기체 원

자로 전환될 때 필요한 해리 에너지가 있습니다. 결합을 깨뜨리려면 항상 에너지가 필요하므로 해리 에너지는 항상 0보다 큰 수입니다.

네 번째, 기체 원자에서 전자를 떼어 내는 이온화 에너지가 있습니다. 이온화 에너지는 전자를 떼어 내는 데 필요한 에너지를 말합니다. 이온화 에너지는 전자를 몇 개 떼어 내느냐에 따라 1차 이온화 에너지, 2차 이온화 에너지 등으로 부릅니다.

다섯 번째, 전자 친화도가 있습니다. 이것은 기체 원자가 전자를 얻거나 잃을 때 흡수되거나 방출되는 에너지입니다.

격자 에너지는 기체 이온들이 고체 화합물을 만들 때 변화되는 에너지입니다. 그리고 이온성 화합물이 만들어지는 마지막 단계에서 방출되는 에너지입니다. 격자 에너지는 항상 음수입니다.

생성 에너지(결합 에너지)는 표준 상태의 원소들로부터 이온성 화합물이 만들어지는 데 필요한 에너지입니다. 이것은 반응의 시작 상태로부터 끝 상태 간의 에너지의 차이와 같습니다. 이온성 화합물의 생성 에너지는 항상 0보다 작습니다. 그 의미는 나중의 이온성 화합물 상태가 처음의 원소 상태보다 안정하다는 것을 의미합니다.

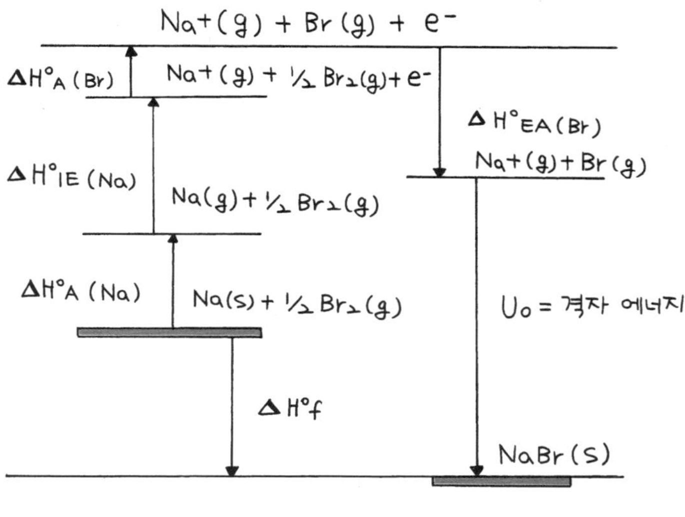


본-하버 순환도

이제 어떤 반응에서 필요한 에너지를 구분할 수 있게 되면 각각을 측정합니다. 예를 들어 나트륨 원자와 브로민 분자의 반응에서 에너지가 출입되는데, 이것을 그림으로 그리면 위와 같습니다. 여기서 실험적으로 측정할 수 없는 격자 에너지를 계산하는 것이 가능해집니다.

이렇게 각각의 단계의 측정할 수 있는 에너지들을 이용하여 이온성 화합물의 격자 에너지를 계산할 수 있는 방법을 고안해 낸 나와 본은 이것을 본-하버 순환도로 만들어 설명했습니다. 본-하버 순환도는 이온성 화합물의 에너지를 연구

하는 사람들이 항상 사용하는 방법이 되었습니다.

__ 휴~. 선생님 오늘 내용은 조금 어렵네요. 하지만 마지막에 표를 보니까 이것이 무엇을 말하려고 하는지 알 수 있을 것 같아요. 아무리 복잡한 과정을 거치는 반응이라고 할지라도 처음과 끝의 에너지 상태는 중간 과정의 모든 에너지 전환들을 합한 것과 같아야 한다는 것이지요? 에너지는 늘지도 줄지도 않고요.

네, 아주 잘 이해했군요. 학생은 에너지의 성질을 잘 이해하고 있는 겁니다. 세상에는 무수히 많은 변화들이 일어나고 그때마다 에너지가 들어가거나 나오고 있습니다. 사람이 살아가려면 영양 물질을 이용하여 단백질이나 지방, 핵산을 만들어야 하지요. 그러기 위해서는 수많은 효소들이 화학 반응을 해야 하고요. 대부분의 화학 반응은 에너지를 필요로 합니다. 그 에너지가 가장 처음 발생하는 곳은 어디일까요?

__ 가장 처음에 발생하는 곳은 잘 모르겠어요.

하하하, 모르겠다는 학생의 대답이 정답입니다. 가장 처음의 에너지를 알아내는 건 너무 복잡해서 계산해 내는 것이 불가능합니다. 하지만 우리가 생활하기에 필요한 에너지는 그만큼 어디에선가, 당이라는 물질을 분해하면서 나오는 에너지들이 화학적으로 저장되고 이용되는 과정입니다. 하나하

나를 계산하는 것은 가능하지만 전체를 계산하는 것은 불가능합니다. 상상할 수 없을 만큼 복잡하니까요. 그렇지만 이 모든 일이 일어날 수 있는 원리 중 하나는 바로 에너지가 보존된다는 원리이지요.

오늘은 화학 반응에서의 열의 흐름에 관한 내용을 배웠습니다. 어떠한 화학 반응도 열(에너지)의 흐름 없이는 일어나지는 않습니다. 그리고 어떤 반응물을 이용해서 생성물을 만드는 반응에서의 열의 흐름은 반응 경로에 관계없이 항상 동일합니다. 반응 조건을 어떻게 만드느냐에 따라서 화학 반응이 잘 일어나거나 잘 일어나지 않습니다. 화학 공학에서는 가장 좋은 반응 조건을 찾아내고, 이용하여 많은 생성물을 만드는 노력을 합니다. 즉, 화학 반응이 가장 적합하게 일어날 수 있는 지름길을 찾아내는 것이라고 할 수 있지요. 그렇게 하기 위하여 온도와 압력을 변화시키거나 촉매를 이용합니다.

다음 시간에는 과거와 현대 그리고 미래의 화학 공업에 대한 이야기를 하겠습니다. 오늘 어려운 공부를 하느라 수고 많았습니다. 다음 시간에 만나요.

우아, 이 복잡해 보이는 표는 뭔가요?
그건 나와 본이 만든 순환도예요. 어떤 화학적 반응에서 각 단계별로 측정할 수 있는 에너지를 이용해 이온성 화합물의 격자 에너지를 계산할 수 있는 방법을 나타낸 것이지요.
(U₀=격자 에너지    ΔH_IE=이온화 에너지
ΔH_f=생성열    ΔH_EA=전자 친화도
ΔH_A=기화열 원자화 에너지)

화학적 반응에서 단계별 측정할 수 있는 에너지요?
음…. 원자가 서로 결합하거나 분해되는 화학 변화에는 반드시 에너지가 투입되거나 방출되는데, 이때 에너지 변화를 계산하는 데 엔탈피라는 개념을 사용합니다.
H=U+pV
(U=내부 에너지
p=계의 압력
V=부피, pV=일)

헤스는 어떠한 화학적, 물리적 변화에서 발생하는 에너지 변화는 그 과정이 끝날 때까지 거치게 되는 단계들의 종류와 수에 관계없이 반응 전과 후의 에너지 차이와 같다고 했어요. 이것을 헤스의 법칙이라고 합니다.
아~.
ΔH⁰_reaction = ΣΔH⁰_f(products) − ΣΔH⁰_f(reactants)
(ΔH⁰_reaction = 반응의 표준 엔탈피 변화,
ΔH⁰_f(products) = 생성물의 표준 생성열,
ΔH⁰_f(reactants) = 반응물의 표준 생성열)

그럼 화학 반응에서 사용되는 에너지에는 어떠한 것들이 있는지 볼까요?
와~, 무척 많네요.
1. 승화열
2. 기화열
3. 해리 에너지
4. 이온화 에너지
5. 전자 친화도

이제 어떤 반응에서 필요한 에너지를 구분할 수 있게 되면 각각의 에너지를 측정해 실험적으로 측정할 수 없는 격자 에너지를 계산해 내는 것이지요.
조금 어렵지만 이해가 될 것 같아요.
격자 에너지 : 결정 상태의 원자, 분자, 이온 등을 서로 가장 멀리 떨어 놓는 데 필요한 에너지

그러니까 측정할 수 있는 에너지들을 이용해서 이온성 화합물의 격자 에너지를 계산할 수 있는 방법을 고안해 내신 거군요.
네, 맞습니다.
U₀ = 격자 에너지

**6**

# 과거와 **현대** 그리고 **미래**의 **화학 공학**

화학 공업의 발달과 현대 사회의 관계에 대해 알아보고,
미래 화학 공학에 대한 하버의 당부를 들어 봅시다.

마지막 수업

# 과거와 현대 그리고 미래의 화학 공학

교. 고등 화학 Ⅰ　　2. 화학과 인간

과.

연.

계.

# 하버가 걱정스러운 표정으로
# 마지막 수업을 시작했다.

여러분, 안녕하세요. 무척 흐린 날씨네요. 날씨가 흐려서 그런지 여러분의 표정도 좋지 않은 것 같군요. 저기 유독 안색이 안 좋아 보이는 친구가 있네요. 혹시 어디가 아프기라도 한 건가요?

__ 아니에요, 선생님. 아픈 게 아니라 저희 집 근처에 최근이 화학 공장이 세워지면서 나쁜 공기를 많이 마셨더니 자꾸 기침이 나고, 코가 간지러워서 그래요.

저런, 학생이 화학 공장 굴뚝에서 나오는 매연을 많이 마셔서 기관지 상태가 안 좋은 모양이군요. 화학 공업이 우리에

게 많은 이로움을 주지만 한편으로는 학생같이 피해를 보는 경우도 있답니다. 그럼 오늘은 화학 공업의 발달이 현대 사회에 어떠한 영향을 주는지에 대해 이야기해 볼게요.

## 화학 공업의 역사

화학 공업이란 정확히 무엇을 말하는 걸까요?

__ 화학제품을 만드는 공업을 말하는 것 같아요.

잘 대답했어요. 화학 공업에는 어떤 것이 있는지 알아봅시다. 화학 공업은 여러 종류와 기술을 이용하여 실생활에 유용한 화합물을 대량 생산하는 방법을 개발하는 산업을 말합니다. 화학 공업은 여러 가지 분야로 세분화될 수 있어요.

무엇을 가지고 유용한 물질을 만드느냐에 따라 석탄 화학 공업, 석유 화학 공업, 천연가스 화학 공업, 목재 화학 공업, 전기 화학 공업 등으로 분류할 수 있습니다. 또 생산되는 화합물의 종류에 따라 암모니아 합성 공업, 소다 공업, 황산 공업 등으로 분류하기도 하지요. 또는 여러 가지 화합물을 이용하여 만드는 제품의 종류에 따라 비료 공업, 염료 공업, 의약품 공업, 합성수지 공업 등으로 분류하기도 합니다.

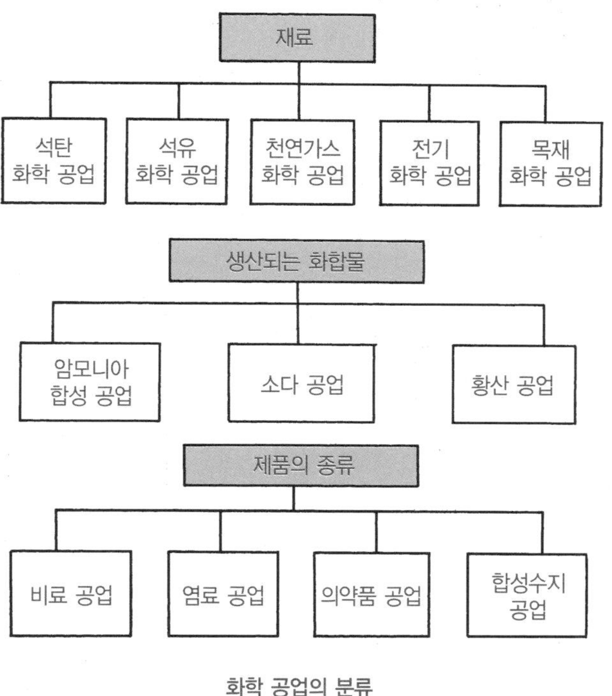



**화학 공업의 분류**

이렇게 재료와 제품에 따라 화학 공업을 분류하는 방법 외에도 사람들은 어떤 기술을 사용하느냐에 따라 촉매 화학 공업, 고온 화학 공업, 광화학 공업, 발효 화학 공업, 고분자 화학 공업 등 수없이 많은 종류의 화학 공업으로 분류할 수도 있습니다.

화학 공업은 전체 산업의 연료를 공급하는 중요 기간산업(한 나라 산업의 기초가 되는 산업)입니다. 화학 공업은 소비자

가 곧바로 사용할 수 있는 제품을 만드는 데 필요한 중간체들을 기초 원재료로부터 가공하여 산업적 규모로 공급하지요. 오늘날 모든 산업의 재료를 공급하는 화학 공업이 어떻게 발달하여 왔는지 알아볼게요.

영국에서 시작되어 전 유럽을 중심으로 산업 혁명이 매우 빠르게 진행된 1800년대에 각국의 산업은 아주 많은 양의 몇 가지 화학 약품을 필요로 하게 되었습니다. 이때 제일 중요한 화학 물질은 황산이었습니다. 어떤 나라의 산업의 정도를 비교할 때 얼마나 많은 황산을 생산할 수 있느냐가 중요한 척도가 될 정도였지요. 산업이 발달한 나라에서는 엄청난 양의 황산을 소비하였기 때문에 값싸고, 효율적인 황산 제조 방법

은 경제적으로 매우 중요한 일이었습니다.

1700년대 중반 무렵부터 사용해 온 황산 제조법을 연실법이라고 했습니다. 이 방법은 납으로 만든 큰 반응 용기 안에서 공기, 물, 이산화황, 질산염을 반응시키는 방법이었습니다. 질산염은 유럽에서는 구하기 어려운 재료로서 칠레에서 가져오는 질산나트륨에 거의 전적으로 의존하여 값이 매우 비쌌습니다.

1859년에는 반응물이 모두 사용되지 않는다는 화학 반응의 성질을 이용하여 반응 후에 남은 산화질소를 회수하여 재사용하는 방법과 설비가 고안되었습니다. 이러한 근대적 설비의 도입은 생산비를 절감하고, 대량 생산을 할 수 있는 계기를 마련해 주었습니다. 그와 함께 거대한 관과 파이프 그리고 연기를 내뿜는 굴뚝으로 연상되는 공장들이 화학 공업의 상징이 되었지요.

1700년대 중반부터 유럽에서 수요가 급증한 제품 중에는 유리와 비누 그리고 종이가 있습니다. 이것들을 만드는 데는 소다회와 같은 알칼리 화합물이 반드시 필요했어요. 1700년대 말쯤에는 알칼리성 화합물의 원료를 미국, 스페인, 이집트 등지로부터 비싸게 수입해야만 했습니다. 특히 영국의 경우는 원료의 부족이 심각했습니다.

그러던 중 르블랑(Nicolas Leblanc, 1742~1806)이라는 프랑스인이 소금을 소다회로 바꾸는 공정을 개발하여 영국을 알칼리 화합물 원료의 부족으로부터 벗어나게 하였지요. 르블랑법이라고 불리는 이 방법은 계속적 개선이 이루어져 화학 공정의 부산물인 염산, 산화질소, 황, 망가니즈, 염소 기체 등까지도 재생이 가능하게 했습니다.

1860년대 벨기에의 화학자 솔베이는 소다회를 생산하는 새로운 방법인 솔베이법을 개발했습니다. 이 방법은 소금물

과 석회석을 이용하는 방법으로 어디서나 쉽게 구할 수 있는 값싼 원료를 이용하는 방법입니다. 솔베이법은 높이가 20m 가 넘는 탑 안에서 이루어집니다. 이렇게 높은 곳에서 공정 이 이루어지는 이유는 이산화탄소 기체가 탑의 바닥으로부 터 위쪽으로 올라올 때 꼭대기에서 염수를 쏟아 부어 탄산나 트륨을 생성하기 위함입니다. 솔베이법의 기술은 유독한 부 산물이 없으며 정제가 용이한 제품을 만들어 낼 수 있는 연속 반응법입니다. 솔베이법의 등장으로 르블랑법은 점차 사라 지게 되었지요.

## 화학자와 화학 공학

순수한 화학자들의 발견과 반응법 개발은 공학자들의 손에 의해 거대한 공장과 같은 설비를 갖추게 되고, 비로소 수많 은 사람들이 이용할 수 있는 만큼의 화학 물질을 만들 수 있 게 되었습니다.

화학 공학이라는 분야와 화학 공학자라는 전문가가 처음 생겨난 것은 1800년대 말이었습니다. 산업이 크게 발달하기 시작한 사회 분위기에서 제조업자들 간의 경쟁은 몹시 치열

했지요. 경쟁에서 살아남기 위해서는 '생산 원가 절감'은 필수적이었습니다. 그러기 위해서는 효율 높은 화학 공정의 개발과 부산물의 재활용, 공장 설비의 효율적 배치와 성능 개선 같은 부분에 투자를 해야 했습니다.

기존의 순수 화학자들은 화학 반응을 구현할 수는 있었지만 그 반응이 거대하고 복잡한 연속된 설비에서 어떻게 가능하도록 만들 것인가에 대해서는 알 수 없었지요. 반면 연속된 화학 반응이 일어날 수 있도록 장치를 고안하고 원료 주입이나 생성물의 분리 등의 복잡한 장치는 기계 공학자들이 해결해 줄 수 있었지만, 원하는 화학 반응이 가장 효율적으로 일어나도록 조정하고 공정을 개선하는 일까지 할 수는 없었습니다.

이 시대의 산업적 이유에서 화학 반응과 생산 공정을 이해하고 디자인할 수 있는 능력을 갖춘 새로운 전문가인 화학 공학자가 필요했고, 1905년 미국에서는 최초의 화학 공학 박사가 배출되었습니다. 새롭게 등장한 화학 공학자는 빠르게 등장하며 점차 더 복잡해지는 화학적 조작의 설계와 운전을 모두 할 수 있게 되었지요.

화학 공학 전문가가 산업적 필요에 의해서 생겨남과 동시에 전통 화학과 구별되는 독자적 교육 내용이 필요하였고,

미국을 중심으로 대학과 화학 공학회는 화학 공학의 지식을 체계화하는 노력을 했습니다.

화학 공학의 교육에서는 '단위 조작'의 중요성을 강조합니다. 화학 공학은 고부가 가치의 제품을 생산하기 위하여 값싼 원료를 여러 단계로 물리적, 화학적으로 변형시킵니다.

여과, 건조, 증류, 결정화, 분쇄, 침강, 연소, 촉매 작용, 열 교환, 압출, 피복 등의 단위 조작은 공업 화학의 실제에 있어 반복적으로 사용되고 있었으며, 화학 공학적 지식을 체계화하는 데 편리한 방식을 제공했습니다. 어떤 단위 조작은 일련의 물질을 제어하는 데 관련하여 얻어진 지식을 바탕으로 다른 물질에도 쉽게 응용될 수 있었습니다. 그 단위 조작이 알코올을 독한 술로 증류하는 것이든, 석유를 가솔린으로 증

알코올 증류

석유 증류

류하는 것이든 기본 원리는 같은 것이니까요.

19세기에 미국을 중심으로 학술적 체계를 갖추게 된 화학 공업은 20세기에 다시 한번 비약적 발전을 하게 됩니다.

1900년대 초의 전 세계 화학 공업 기술을 선도하는 나라는 독일이었습니다. 그러나 유럽은 제1, 2차 세계 대전의 소용돌이에 빠져들었지요. 전쟁이라는 상황은 엄청난 군수 물자의 생산을 필요로 하였고, 화학 공업은 전쟁이 지속될 수 있는 물질적 공급원이 되었습니다. 더욱이 군수 물자의 소비는 밑 빠진 독에 부어지는 물과 같이 무제한적 소모라고 할 수 있었습니다. 그 당시에는 폭약 제조에 필요한 암모니아와 타이어와 군화의 원료가 되는 고무의 생산이 매우 중요해졌고, 양대 세계 대전의 주역이 된 나라들은 이러한 물자를 공급할

전쟁 중에 군수 물자를 생산하는 과학자들

수 있는 식민지와 가공을 할 수 있는 화학 공업 기반과 기술을 보유한 나라들이었습니다.

　전쟁의 혼란기에 화학 공업 전문가들은 당면한 필요성에 따라 기술적으로 큰 발전을 이루었습니다. 천연고무의 부족을 메우기 위한 합성고무의 생산 기술 개발, 전쟁 병기를 가동하기 위한 연료 공급을 위한 석유 산업의 발달, 핵무기 제조를 위한 플루토늄 제조 공정 개발 등 이전에는 상상하기 어려운 공학적 발전을 거듭했지요.

　전쟁이 막을 내릴 즈음에는 유럽의 화학 공업 시설과 기반은 대부분 붕괴되었고, 발달된 화학 공업 기술은 미국의 주도 하에 평화 시기의 물질적 풍요를 공급하는 역할을 하게 되었습니다. 오늘날의 화학 공업은 풍요로운 생활을 영위하기 위하여 필요한 수많은 물질을 공급하는 고마운 기술이 되었습니다.

　어떤 유용한 물질이 만들어지는 원리가 발견되고 나면 화학 공업은 그 유용성을 많은 사람들이 영위할 수 있도록 대량 생산을 할 수 있는 방법을 찾습니다. 우리들이 생활 속에서 매일 사용하는 모든 제품이 만들어지기 위해서는 화학 공업 전문가들의 역할이 절대적으로 필요하지요. 화학 공업 전문가의 도움이 없다면 우리 생활은 매우 불편할 수밖에 없고,

어떤 경우는 소수의 부자나 특정 계층의 사람들만이 과학 기술의 혜택을 누리며 살 것입니다.

오늘날 화학 공업은 석유 화학 제품과 플라스틱, 신소재, 에너지, 의약품, 식품, 보건, 환경 용품 등 현대인의 생활에 필수적인 물품들을 공급하는 중요한 역할을 담당하고 있습니다. 현대의 화학 공업에서는 끊임없이 유용한 새로운 물질을 개발하며, 새로운 물질을 제품 생산에 필요한 재료로 공급합니다. 유용한 새로운 물질 중에는 고강도 인공 섬유, 초

### 과학자의 비밀노트

**세계의 화학 산업과 국력**

화학 공업은 전 세계 현대인이 살아가는 데 필요한 모든 공산품을 만드는 데 필요한 원료와 완제품을 공급한다. 산업에는 국경이 없기 때문에 화학 공업 회사들은 전 세계에 물품을 공급하고, 세계 여러 나라에 연구소와 공장을 세워 쉬지 않고 가동하고 있다. 세계에서 가장 큰 화학 회사인 BASF가 있는 독일을 비롯하여 미국, 영국, 일본 등의 나라는 일찍이 화학 산업에서 두각을 나타내었다. 현재는 아시아–태평양 지역의 세계 산업 수출량이 아메리카, 유럽 국가들과 비교할 때 가장 큰 비중을 차지한다. 그중에서 중국과 더불어 한국이 차지하는 비중은 대단히 크다. 화학 산업이 전 세계 경제에서 중요한 만큼 한 나라의 국력은 그 나라의 화학 산업과 비례한다. 그러므로 많은 청소년들이 화학과 화학 공학을 공부하고, 많은 전문가를 배출하여 화학 산업을 활성화시키는 것은 국가의 미래를 위하여 대단히 중요하다.

내열 합금이나 고강도 합금, 여러 용도의 금속을 대체할 수 있는 엔지니어링 플라스틱, 생체에 이식이 가능한 의료용 세라믹스 재료, 의약품 원료 등 앞으로 더 많은 양을 필요로 하게 될 재료들이 있습니다.

미래에도 화학 공업은 세상 사람들에게 중요한 역할을 할 것입니다. 화학 공업은 그 어떤 과학보다도 사람의 생활에 밀접하고, 사람들에게 가장 필요한 의식주를 해결해 주었으며, 문화와 번영을 누릴 수 있게 해 준 고마운 과학입니다. 이제 여러분은 화학 공업이 얼마나 중요한 과학 기술인지 잘 이해할 수 있을 것입니다.

## 미래의 화학 공학자에게

내가 지금까지 설명한 화학자, 공학자, 화학 공학자 등은 모두 과학자라는 공통점이 있지요. 그렇다면 과학이 무엇인지 누가 한마디로 정의해 볼까요?

＿ 물리, 생물, 화학, 지구과학 아닌가요?

음……. 그건 학교에서 여러분이 배우는 과학을 큰 종류로 나눈 것이지 과학 그 자체를 말하는 것은 아닌 듯하네요.

__ 실험하고 탐구하는 것이지요?

실험과 탐구는 과학을 연구하는 방법 중에 속하는 것이지요. 내가 간단하게 설명하겠습니다. 원래 과학이란 말은 '지식'의 의미를 갖는 라틴어에서 유래했습니다. 그래서 과학이란 지식을 잘 모아서 체계적으로 정리한 다음 증명할 수 있는 이론이나 법칙으로 축약하는 활동이라고 정리할 수 있지요. 그리고 과학자는 과학 활동을 하는 사람을 뜻합니다. 여러분도 지식을 정리하고 여기에 있는 법칙을 발견하려고 애쓴다면 누구나 과학자라고 할 수 있습니다.

난 과학자가 되기 위해 반드시 어떤 자격이 필요하다고 생각하지 않습니다. 여러분이 지금 물리, 화학, 지구과학, 생물, 환경 같은 과학 과목을 학습하는 이유는 과학자의 자질을 배우는 것이지요. 지금 여러분이 배우고 있는 것들은 이미 오래전에 증명된 것들이 대부분입니다. 지식을 기억하는 것뿐만 아니라 이러한 것들을 배우는 가운데 어떻게 과학적 사실들을 발견하고 증명했는지를 주의 깊게 볼 필요가 있습니다. 이런 과정을 배우는 이유는 여러분이 과학자가 된 후에 새로운 현상을 발견하고 증명해야 하기 때문입니다.

이때 여러분이 갖추어야 하는 중요한 능력은 창의적 사고와 과학적 사고입니다. 창의적 사고를 할 수 있는 능력은 낡은 사고 틀(패러다임)에서는 나올 수 없습니다. 우리의 미래 사회는 이전보다 더욱더 창의적인 과학자를 필요로 할 것입니다. 과학적 사고란 현상을 객관적으로 받아들이고 논리적으로 이해하려는 태도입니다. 여러분은 지금 중요한 과학자적 자질을 배우고 있는 것입니다.

__ 선생님, 과학과 산업을 발달시키는 것도 좋지만 여러 가지 문제점도 많이 발생한다고 하셨잖아요. 과학의 발달이 미래를 더 어둡게 만드는 것이 아니냐고 우려하는 사람들도 있고요. 이런 우려에 대해 과학자들은 어떤 생각을 가지고 있나요?

아주 좋은 질문입니다. 과학과 산업의 발달이 많은 문제점을 만들어 내는 것은 사실입니다. 특히 산업과 환경의 관계는 어찌 보면 상반된 것처럼 보이기도 하지요. 산업의 발달로 인한 대기 오염, 화석 연료의 이용과 지구 온난화 등은 산업의 발달이 낳은 심각한 환경 문제가 아닐 수 없습니다. 이 뿐만이 아니지요. 항생제의 발견과 치명적 감염증의 치료, 그 다음에 항생제 내성균의 등장과 더욱 치명적인 감염증의 위협 같은 예기치 않은 문제점들이 발견되기도 했습니다.

정보 기술과 인터넷의 발달로 행정, 금융을 비롯해 일상생활의 많은 부분들이 전산화, 고속화되어 사람들의 생활 방식이 획기적으로 변화했습니다. 하지만 그 대신 컴퓨터 바이러스나 전산 장애 같은 얘기치 않은 사건들이 우리를 혼란스럽

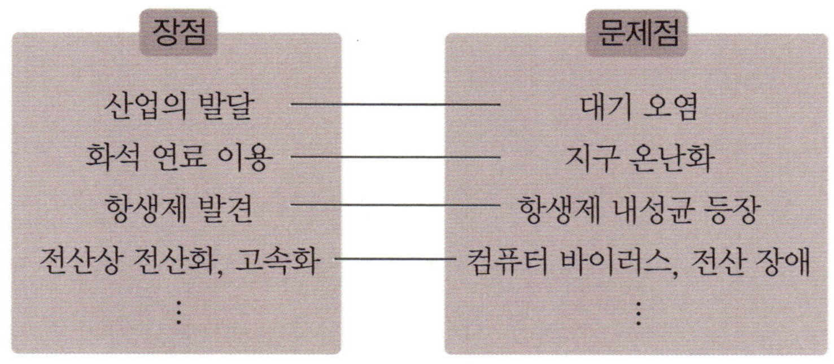


화학 산업의 장점과 그에 따른 문제점

태양광

풍력

전기 차

게 만들기도 합니다. 이처럼 유용한 지식을 응용하여 편리한 기술을 만들고 나면 그 전에는 예상하지 못했던 문제점들이 발견됩니다.

하지만 문제점이 발생하는 것으로 유용성이 사라진다고 할 수는 없지요. 문제점이 발견되는 즉시 해결책을 찾기 위한 노력을 통해 보다 안전하고 완전한 기술이 만들어질 수 있습니다. 대기 오염과 지구 온난화의 문제점을 경고한 것 역시 과학입니다. 그 결과 지금 많은 과학자들은 이러한 문제를 일으키지 않는 태양광, 풍력, 수력 등을 이용하여 에너지를 얻고, 전기 차, 에너지 고효율 주택 등 진보된 기술을 개발하기 위해 노력하고 있지요. 나는 이러한 까닭에 과학은 언제까지나 문제, 한계점의 해결을 위해 가장 중요한 역할을 할 것이라 믿고 있습니다. 마치 나의 암모니아 제조 방법 연구

가 세계 인구의 식량 공급에 중요한 역할을 해 온 것과 같다고 볼 수 있지요. 사람들은 결국 과학의 공헌을 기억해 줄 것입니다.

## 과학자의 윤리적 판단력

한편, 어떤 지식, 기술의 예상치 않은 부작용 때문에 문제가 생기는 경우와 달리 과학자들과 미래에 과학자가 되고자 하는 학생들이 반드시 경계해야 하는 부분도 있습니다.

우리는 인간의 이성이 종종 인류 전체를 위협할 만큼의 위험한 이면을 가지고 있음을 역사를 통해 배웠습니다. 제1차 세계 대전을 겪으면서 그 당시 최고의 과학 기술들은 비행기, 폭탄, 장갑차로 둔갑하여 자그마치 1,500만 명의 생명을 앗아 갔지요.

또한 오로지 적군을 이기기 위한 목적에서 많은 연구가 이루어졌던 부끄러운 사실도 있었습니다. 제1차 세계 대전의 엄청난 비극을 끝낸 지 불과 21년 만에 다시 벌어진 제2차 세계 대전은 어떠했나요? 약 2,000만 명의 군인과 4,000만여 명의 민간인이 희생된 전 세계적 광기는 과학에 대한 신뢰를 심각하게 손상시켰습니다. 이때에는 과학이 인간을 말살하는 주도적 역할을 했다고 볼 수 있지요.

그러한 과정에서 인간은 과학의 힘을 이용하여 스스로 제어할 수 없는 힘의 무기를 가지게 되었습니다. 하지만 무기에 대한 두려움을 깨달은 지금 이러한 사실들이 우리에게 큰 교훈이 되고 있습니다. 이제 과학자들은 지적 호기심과 과학이 악용될 수도 있다는 경계심을 동시에 가져야 합니다. 그러므로 과학자는 올바른 윤리 의식을 가져야 합니다. 그 이유는 과학이 가지는 큰 파급력 때문이기도 합니다. 과학적 결과가 불행한 일에 사용되지 않도록 하는 안전장치는 오직 과학자가 가지고 있다는 것을 명심해야 합니다.

## 화학 산업의 매력

1938년 미국의 듀퐁사(DuPond)는 나일론(nylon)을 이용한 칫솔을 출시했습니다. 그 다음에는 여성용 스타킹을 만들었지요. 이 제품이 그때부터 세상을 어떻게 바꾸었는지 상상할 수 있나요? 이전까지 사용해 온 목화나 실크 등 천연 섬유들은 공장에서 엄청난 양으로 만들어지는 합성 섬유로 신속

하게 대체되었습니다. 그리고 섬유의 질감과 보온력은 용도에 따라 얼마든지 마음대로 생산할 수 있게 되었지요. 합성 섬유가 발명되지 않았다면 인간이 달 표면을 걸을 수 있었을까요?

폴리스티렌(polystyrene)은 어떤가요? 우리가 사는 집의 벽 속에 단열재로 쉽게 발견할 수 있습니다. 아빠가 매일 아침 사용하는 면도기, 칫솔, 안경테, 가방 속에 있는 볼펜 등 헤아릴 수 없을 정도로 많은 용도로 사용되고 있지요. 이것들이 없는 일상이 상상이 가나요?

버스 안에는 수많은 PVC(polyvinyl chloride)재료가 사

용되고 있고, 버스가 달리는 길 바닥에는 아스팔트가 깔려 있지요. 아스팔트가 없다면 어떨까요? 오늘처럼 빠르고 편안하게 학교에 올 수 있었을까요?

우리는 대부분 화학 공학, 화학 산업이 얼마나 우리 생활을 편리하게 하고 있는지 잊고 산답니다. 왜냐하면 이것이 없는 생활을 상상할 수 없으니까요. 하지만 이것은 아주 작은 부분에 불과하답니다. 오늘날 전 세계인의 생활은 불과 몇 가지 제품을 제외하고는 화학 산업과 밀접한 관계를 갖지 않는 것이 없습니다. 즉, 화학 산업 없이 인간 사회는 더 이상 유지될 수 없다는 것이지요.

내가 활발히 연구하던 시대와 비교하면 우리들의 생활은 훨씬 위생적이고, 편리하고 빨라졌습니다. 또 어떤 기술이 등장하면 우리들의 생활에 이용되는 데 걸리는 시간이 매우 짧아졌지요. 그리고 새로운 제품, 기기들은 삽시간에 전 세계의 사람들의 구매를 유혹합니다.

이렇게 화학 산업이 이 세상을 풍요롭고 편리하게 만들기까지 약 100여 년 정도밖에 걸리지 않았습니다. 앞으로는 더더욱 짧은 시간 안에 더 많은 산업이 발달하게 되겠지요? 그래서 나는 일찍이 산업의 중요성을 깨닫고 나의 연구가 산업적으로 잘 활용되어 수많은 사람들이 혜택을 받기를 바랐습

니다. 그래서 사람들은 나를 화학자 가운데에서 산업과 밀접하고 중요한 공헌을 한 사람으로 기억하지요. 화학과 산업의 중요성은 앞으로도 계속해서 커질 것입니다.

나는 여러분이 나와의 수업을 통해서 화학에 대해 더 많은 관심을 갖고, 미래에 훌륭한 과학자가 되는 꿈을 꾸기를 바랍니다. 여러분 가운데 많은 과학자가 배출될수록 세상은 더욱 풍요롭고 안전하며 건강해질 것입니다. 여러분이 미래에 펼칠 활약을 기대하며 수업을 마치겠습니다.

철이 군, 감기라도 걸렸나요?
아니요. 저희 집 옆에 화학 공장이 생겼는데, 공장에서 나오는 매연 때문에 기관지가 안 좋아졌어요.

이런 조심해야지요. 사실 화학 공업은 인류에겐 없어서는 안 될 중요한 산업이지만 반면 많은 해를 끼치기도 하지요.
구체적으로 화학 산업이란 어떤 산업을 말하는 것이지요?

화학 공업이란 화학제품을 만드는 공업으로 여러가지 분야로 세분화될 수 있어요.
화학 공업을 이렇게 다양하게 분류할 수 있군요!
재료
석탄 화학 공업
석유 화학 공업
천연 가스 화학 공업
전기 화학 공업
목재 화학 공업
생산되는 화합물
암모니아 합성 공업
소다 공업
황산 공업

그럼 화학 공업은 어떻게 발달되었나요?
영국에서 시작된 산업 혁명 이후 각 나라별로 황산의 수요가 급증하게 되었지요. 그 후 산화질소를 회수하여 재사용하는 방법과 설비가 고안되면서 근대적인 생산 설비가 갖춰지게 되었지요.
황산이라면 이 정도는 있어야지.
황산
황산
황산
부럽다~.

이후 화학 공업을 이끌던 독일이 제1, 2차 세계 대전을 거치면서 화학 공업은 비약적으로 발전하게 되었답니다. 아이러니하게도 이때 발달된 기술들이 현대 화학 공업의 밑거름이 되었지요.
아~. 그렇군요.
두둥실~

마지막으로 우리가 그동안 역사에서 배웠듯이 과학이 악용될 수도 있다는 점에 경계심을 가지고 윤리적으로 문제가 없는 과학 지식을 개발해야 한다고 당부하고 싶군요.
네! 윤리 의식을 철저히 지키겠습니다.

# 화학 산업의 주축
## 하버 Fritz Haber, 1868~1934

하버는 1868년 12월 9일 독일의 브레슬라우(Breslau, 현재는 폴란드의 영토)에서 염색업자인 아버지 지그프리트 하버와 어머니 폴라 하버의 외아들로 태어났습니다.

청소년기부터 수학과 화학에 관심을 보였던 하버는 성장한 후 베를린의 프리드리히 빌헬름 대학에 입학하였고, 그곳에서 화학자인 호프만 교수와 물리학자인 헬름홀츠 교수의 영향을 크게 받았습니다. 하이델베르크 대학으로 이전한 후에는 가스 분석법을 배우기도 했습니다.

2년 후 베를린의 프리드리히 빌헬름 대학으로 다시 돌아온 하버는 리버만 교수와 함께 유기 합성에 대한 연구를 시작했습니다. 하버는 알리자린 유도체(alizarine  homologues) 합성과 안트라퀴논(anthraquinone) 환원에 관한 연구, 그 밖의 자연 분자와 염색약의 합성을 했습니다. 1891년에는 리버만 교수의 지도하에 박사 학위를 수여받았습니다.

박사 학위를 받은 해인 1891년부터 1892년까지 하버는 헝가리, 오스트리아 등의 화학 공장에서 현장 체험을 했습니다. 이 시기에 하버는 솔베이 프로세스(Solvay Process; Ammonia−soda process) 방법을 이용하여 암모니아-소다를 제조하는 방법을 알고 난 후 처음으로 암모니아와 화학 공업에 관심을 갖게 됐습니다.

하지만 기술적, 공학적인 지식의 부족함을 느낀 하버는 당시 훌륭한 화학자와 화공학자들이 많았던 츄리히(Zurich)의 공과 대학교로 가서 화학과 산업을 연결해 주는 기술 분야의 경험을 쌓았습니다.

1909년에는 카를스루에에서 로시뇰과 마이어 등의 도움을 받아 암모니아 합성 공정에 성공하는 큰 과학적 업적을 세웠지만 1914년 제1차 세계 대전 발발과 동시에 화학 무기 개발의 책임을 맡게 됐습니다. 하지만 암모니아 합성 방법 개발을 인정받아 1918년에 노벨 화학상을 수상했습니다.

# 언제, 무슨 일이?

화학사
세계사
중국 청나라,
제4대 황제 강희제 즉위
보일
《의심 많은 화학자(The Sceptical Chymist)》 발간
1601
미국, 보스턴 차 사건
프리스틀리
산소 분리
1773
조선, 갑신정변
반트호프
《화학의 역학 연구》 발간
1884
러시아, 피의 일요일
하버
암모니아 합성법
1905
중국 청나라, 신해혁명
러더퍼드
금속박 실험으로 원자 구조 이해
1911

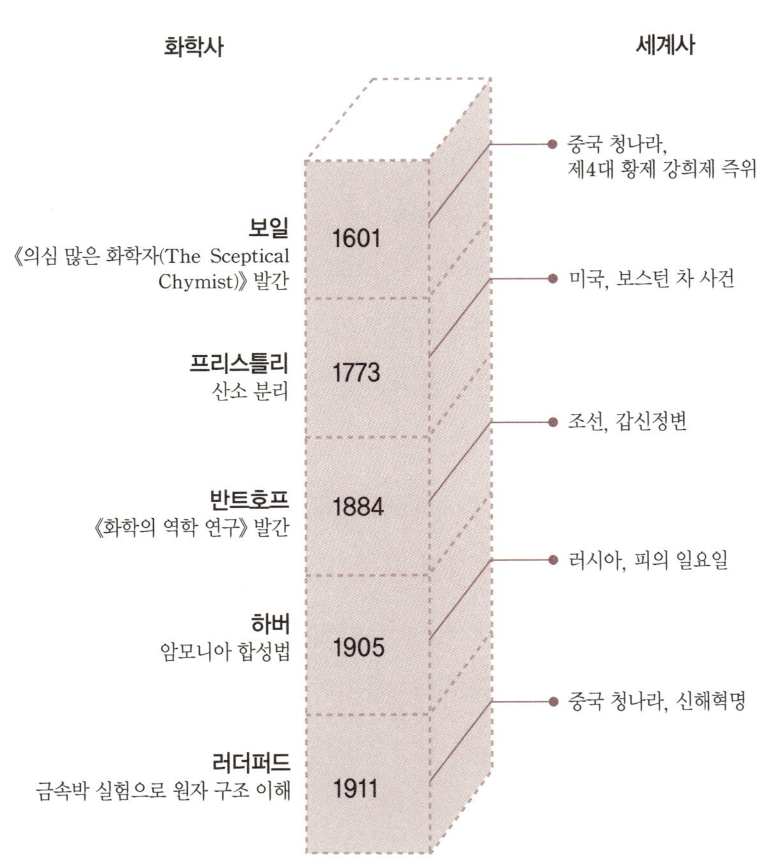

1. 공기 중의 질소 기체를 땅속의 □□□이 질소 원자로 분해합니다.

2. 18세기에 시작된 □□ □□으로 인구가 기하급수적으로 늘어남에 따라서 화학 공업은 인류의 □□ 문제를 해결하는 데 큰 공헌을 했습니다.

3. 화학 공업 분야는 화학의 지식을 공업에 적용을 통하여 사람에게 반드시 필요한 □□□□을 대량으로 생산할 수 있도록 합니다.

4. □□□□는 화학 비료의 주원료로 사용되지만 폭약을 만드는 데에도 사용됩니다.

5. 화학 공업은 온도, 압력, □□ 등을 조절하여 효율적 공정을 개발합니다.

6. Cl₂는 염소 □□가 □개 있다는 것이고, 2Cl은 염소 □□가 □개 있다는 것입니다.

1. 미생물  2. 산업 혁명, 식량  3. 화학제품  4. 암모니아  5. 촉매 6. 분자, 1(한), 원자, 2(두)

# 녹색 성장과 미래의 산업

　인구의 증가와 산업의 발달은 계속해서 동반 성장 중에 있습니다. 산업 혁명 이후 지금까지 전 세계는 화석 연료와 천연 광물을 주 에너지원으로 사용하여 왔으나 지구의 천연 자원이 머지않은 미래에 고갈될 것이라는 것은 분명한 사실로 받아들여지고 있습니다. 이러한 문제의 심각성에 대한 이해와 반성은 미래의 산업이 보존적, 순환적 방향으로 개선되어야 함을 깨닫게 합니다.

　산업의 발달은 환경의 파괴를 일으키며, 인간에 의한 환경 파괴 속도는 지구 자정 능력의 한계를 훨씬 능가하고 있습니다. 이는 인간이 스스로를 이롭게 하기 위해 만들어 놓은 새로운 세상이 다름 아닌 인간에게 가장 큰 고통과 위험으로 되돌아올 수 있다는 가능성을 보여 주는 것입니다.

　천연 자원과 환경의 보전 및 개발 문제는 전 세계적으로 후대에 아름다운 환경 자산을 물려주기 위한 노력의 측면으로 볼 수 있습니다. 또한 지역적 특성이 고려된 균형 있는 환경 개발과 보전은 이를 통한 지속적 성장의 동력 확보를 위한 노력으로 접근할 수 있습니다.

미래에도 인간은 수많은 물질을 소모하며 살아갈 것입니다. 산업은 이러한 인간의 요구를 충족시키는 핵심 활동입니다. 세계 각국의 산업은 전통적 산업 구조에서 녹색 성장 산업 구조로 신속히 이행되고 있습니다. 이는 단지 저탄소 산업뿐만 아니라 원료 재생 산업, 분해성 고분자 등 자원의 소모 자체를 최소화하기 위한 기술의 개발로 발전하고 있으며, 그 외에 풍력, 조력, 태양광 등 새로운 에너지원을 유용한 수준까지 끌어올리기 위한 기술 개발도 계속해서 좋은 성과를 보이고 있습니다.

앞으로 화학 공업은 근대 인류의 식량 문제를 해결하여 주었던 것과 같이 자원, 에너지, 환경 문제를 해결해 줄 것으로 기대하고 있습니다.

# 수학자가 들려주는 수학 이야기 (전 88권)

차용욱 외 지음 | (주)자음과모음

국내 최초 아이들 눈높이에 맞춘 88권짜리 이야기 수학 시리즈!
수학자라는 거인의 어깨 위에서 보다 멀리, 보다 넓게
바라보는 수학의 세계!

수학은 모든 과학의 기본 언어이면서도 수학을 마주하면 어렵다는 생각이 들고 복잡한 공식을 보면 머리까지 지끈지끈 아파온다. 사회적으로 수학의 중요성이 점점 강조되고 있는 시점이지만 수학만을 단독으로, 세부적으로 다룬 시리즈는 그동안 없었다. 그러나 사회에 적응하려면 반드시 깨우쳐야만 하는 수학을 좀 더 재미있고 부담 없이 배울 수 있도록 기획된 도서가 바로 〈수학자가 들려주는 수학 이야기〉 시리즈이다.

### ★ 무조건적인 공식 암기, 단순한 계산은 이제 가라!★

- 〈수학자가 들려주는 수학이야기〉는 수학자들이 자신들의 수학 이론과, 그에 대한 역사적인 배경, 재미있는 에피소드 등을 전해 준다.
- 교실 안에서뿐만 아니라 교실 밖에서도, 배우고 체험할 수 있는 생활 속 수학을 발견할 수 있다.
- 책 속에서 위대한 수학자들을 직접 만나면서, 수학자와 수학 이론을 좀 더 가깝고 친근하게 느낄 수 있다.